宇宙与原子

[美]唐·利希滕贝格 著

周弘毅 译

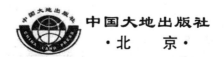

中国大地出版社

·北 京·

图书在版编目(CIP)数据

宇宙与原子 /（美）唐·利希滕贝格著；周弘毅译.
－北京：中国大地出版社，2017.2(2021.4 重印)
书名原文：THE UNIVERSE AND THE ATOM
ISBN 978-7-80246-946-4

Ⅰ.①宇… Ⅱ.①唐… ②周… Ⅲ.①宇宙学－研究
②原子－研究 Ⅳ.①P159②O562

中国版本图书馆 CIP 数据核字(2016)第 289892 号

YUZHOU YU YUANZI

责任编辑：王雪静
责任校对：韦海军
出版发行：中国大地出版社
社址邮编：北京海淀区学院路 31 号，100083
购书热线：(010) 66554518
网　　址：http://www.gph.com.cn
传　　真：(010) 66554518
印　　刷：北京财经印刷厂
开　　本：700mm×960mm　1/16
印　　张：12.75
字　　数：138 千字
版　　次：2017 年 2 月北京第 1 版
印　　次：2021 年 4 月北京第 5 次印刷
定　　价：39.00 元
京权图字：01－2016－7839
书　　号：ISBN 978-7-80246-946-4

(如对本书有建议或意见,敬请致电本社;如本书有印装问题,本社负责调换)

此书献给丽塔、娜奥米和丽贝卡

前　言
PREFACE

　　人类区分于其他动物的特性之一就是我们对于自然的好奇心。皓月当空时，狼也会遥望月亮发出嚎叫，但只有人类会思考月亮有多大、距离我们有多远，以及月亮是由什么构成的、为什么它会有阴晴圆缺这样的问题。更宽泛地说，人类渴求关于自然如何运作的知识，就算这些知识并没有什么实际用处。历史证明，我们关于自然的许多认识并没有带给我们物质上的好处，不过也有一些知识使人类的文明发生了深刻的改变。不幸的是，并不是所有的改变都朝着好的方向发展。

　　感官的限制使得我们对自然的感知局限于中间尺度，太小和太大的事物我们都很难把握。我们能看到一棵树，却观察不到组成这棵树的原子。我们能看到地球的某一块，但我们的视野无法让我们直接看到地球是个球形。

　　在本书中，我们将注意力集中于最微观和最宏观的世界——原子、亚原子粒子以及整个宇宙。我们的目的是尽量解答以下两个问题："我们是由什么构成的"和"我们所在的宇宙是怎样的"。

　　当然，我们是血肉之躯，再加上一些骨头和毛发，且我们生活在地球上。但在更小的尺度上，我们的身体是由细胞构成的，而细胞则由分子构成的。分子又是由原子构成的，而原子则可分解为电子和原子核。到目前为止，我们知道电子是一种基本粒子，因为它不能继续分解成更小的粒子。然而，原子核是由质子和中子构成的，而夸克又构成了质子和中子。目前，我们对物质本质的了解仅限于此，不过人们猜测，物质还存在着更深的层次。在宏观尺度上，地球是太阳系中离太阳第三近的行星,而太阳系则位于银河系中。银河系是一个包含了上千亿颗恒星以及大量尘埃和其他物质的星系,这些星体在引力的相互作用下聚集在了一起。然而,银河系也仅仅是可见宇宙中几十亿个星系(恒星系统)中的一个。在可见宇宙之外是怎样一幅景观?人们有诸多猜测,不过我们甚至不确定人类能否对可见宇宙之外的世界有所了解。

马上,我们就要开启进入微观世界和宏观世界的旅程。你的所见所闻将颠覆你的三观和认知,你将感到难以置信。人类自古以来就在探索物质的构成以及宇宙的运行规律,然而直到 20 世纪,人类的知识才开始爆发式增长,于是我们今天有幸能大致了解自然在宏观和微观上的面貌。

为了更好地了解微观世界和宏观世界,我们要在人类自身的尺度上对自然进行审视。在这一过程中,我们会学到一些有用的物理规律,其中一些似乎符合常理,但适用范围有限。同时,我们还采取历史方法,讨论一些现在看来很古怪,甚至很愚蠢的观点。探讨早期科学观点中的谬误对我们而言有着诸多裨益。

科学知识往往具有时代的局限性。过去的经验让我们相信,科学上的新发现会以许多种不同的方式改变我们的自然观。不过,我们现在的许多科学观点仍是深深植根于过去的观察和实验,所以我相信,人类至今所取得的科学成果将影响深远。

参考书目中列举了与本书主题相关的一些书籍。在此对这些书籍的作者表示感谢,从他们的书中我获取了一些有价值的资料。同时,我还参考了一些其他资源,尤其是网络资源。在这一过程中,我对这些资料进行了选择和取舍,必要时对资料进行更新,并在表述的时候打上自己的烙印。我还应该感谢我在印第安纳大学的同事、我的老朋友 Steven Gottlieb 和 Roger Newton,和他们的谈话让我受益匪浅。还要感谢印第安纳大学的 Bruce Carpenter 为本书作图,感谢 Andrew Chan Yeu Tong 协助编辑本书,感谢世界科学出版社的 Alvin Chong 在本书的出版事宜上给予帮助。

目　　录
CONTENTS

第 ① 章

早期的宇宙观

嘲笑进步之希望是最终极的愚昧,是精神匮乏和心智卑贱的终极表现。

——彼得·梅达瓦爵士(1915—1987)

1.1 地球

在人类社会早期,绝大多数学者认为地球是宇宙的中心。这很正常,因为对于人类的凡胎肉眼而言,地球实在是巨大无比。与地球相比,天空中的一切——甚至包括太阳——都显得渺小。在各种各样的文化里面,地球要么被看作像碟子一样平坦,要么被看作呈球形。同样,许多文明把地球视为一块平地——尽管上面有着许多诸如高山峡谷之类的高低起伏——这一现象也是可以理解的。产生这一现象的原因莫过于大地实在太过辽阔,所以我们通常无法发现其表面上的曲度。人类通过感官认识的宇宙往往和真实的宇宙相去甚远,而对地球的认识仅仅是许许多多例子中的一个。

1

我们能从某些地方看出地球是圆的。在海边眺望向你驶来的船只时,你首先看到的是船的顶部,而船在吃水线以下的部分仍处于地平线之下。

在现代,我们已经有了足够的证据证明地球是(十分接近)球形的。几百年前,探险家们乘坐帆船环游世界。现在,飞机和人造卫星载着人类环绕地球飞行。从任何角度上看,地球都是圆的,这就说明地球呈球形。如果地球是其他形状,如圆盘状,那么在圆盘的外沿观察时,地球就是薄薄的一片。球形具有其他形状不可比拟的对称性,因为只有它无论从哪个角度看都是圆的。当然,只有当我们距离地球足够远时才能观察到地球的形状。地球如此之大,以至于整体看来它就是一马平川,尽管上面也有高低起伏,因为有些地方布满了高山与峡谷。

很有趣的是,许多持"地平论"的人把地球看作一个圆盘,而不是正方形或某种不规则形状。同样地,大多数"地平论"者认为自己所处之地即为地球的正面,其上便是天空。关于地球的背面是什么,人们只能猜测。"地平论"者相信人会从地球的边缘坠落,不过,并没有人亲眼见过地球的边缘,于是他们便认为边缘离自己还很远很远。另一种观点则认为,地球具有无限辽阔的土地(或者说,在任何方向上都没有终点)。不过,后一种观点似乎没有多少"地平论"者支持。

那些认为地球呈球形(不考虑像高山之类的不规则地形)的人明白,地球没有边缘,同时它的土地也不是无限大。现在我们都知道地球并不是一个标准的球体。由于每天自转一周,所以地球呈现出两极稍扁、赤道略鼓的形状。既然地球是球形,或类似球形,那么向下的方向便是指向地心。人们认为,物体会落向地面要么是"自然而然"的,要么就是受到了某种"影响"(人们后来称这种影响为引力)。这两种观点看上去没有太多区别,因为引力本身就可以看成一种自然的影响。我们现在知道,对物体落地这一现象做一个定量的描述有多么重要。

1.2 天空

对于我们的祖先而言,天空就是我们在大地上所仰望之处。它包括太阳、月球、行星、恒星,有时还包括彗星和流星等其他天体。即便在古代,人们也通过对比天体运动方式的不同而将行星和恒星区分开来。行星相对恒星运动,而希腊语中"行星"的意思是"游荡者"。

最早拥有宇宙观的文明是巴比伦文明,其位置在今天的伊拉克。古代文献记载,早在公元前 1700 年,巴比伦人就计算出了 1 年的长短,并精确到几分钟。巴比伦人将一年分成 12 个太阴月。1 个太阴月即人们在地面上观察到两个满月之间的时间,比 29 天多一些。因为一年要稍长于 12 个月,于是巴比伦人每隔几年就会设置一个闰月。

巴比伦人将 1 个圆分成 360 度,每 1 度分成 60 分钟,每分钟分成 60 秒。这种角度测量单位仍为现代人所沿用,不过我们同时也用其他的方式。图 1.1 中,圆圈被标注出 30 度和 90 度。1 度简化为符号"°"。

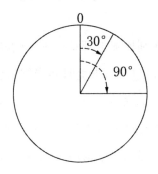

图 1.1　圆以及圆中间的 30 度角和 90 度角

1.3　亚里士多德和阿里斯塔克斯的观点

在此,我们跳过中国和印度,直接探讨古希腊天文学家的成就。亚里士多德(公元前 384—前 322)是古希腊最具影响力的天文学家。他声称,关于自然的知识应建立在观察的基础上。这一观点相对于主张知识应来自纯粹推理的柏拉图而言已是巨大的进步。然而,亚里士多德并不是时时刻刻都能言行一致,他自己也常常陷入柏拉图的思维陷阱。此外,亚里士多德还经常从自己的观察中得出错误的结论。

亚里士多德认为地球、太阳和月球为球形;地球静止地处于宇宙中心,所有天体围绕地球旋转。在这一构想中,太阳和恒星每天绕地球转一圈。现在我们都知道,是地球绕其轴线每天自转一圈这一事实造成了观察者眼中太阳和恒星绕地球公转的错觉。

亚里士多德关于地球和天空的大多数观点来源于更早期的希腊哲学家,包括毕达哥拉斯和柏拉图。谁又能责怪亚里士多德呢? 地球看上去确实像是在宇宙的中心呀。

我所知的第一个声称地球是球形的古希腊人是毕达哥拉斯(卒于公元前497 年)。毕达哥拉斯并没有拿出任何证据来证明自己的信仰,而是基于美学欣赏做出了这一论断。另外,相信"地心说"的亚里士多德却给出了几个证据,其中最具说服力的是在月食过程中,地球的阴影在掠过月球表面时看上去像是圆的一部分。

后来,出生于现在叫作利比亚的那块土地,并在雅典和亚历山大港生活的埃拉托色尼(生于公元前约 276 年,去世时间未知)进行了一次测量,估算出了地球的周长。他听说在夏至日那天(6 月 21 日)正午,在一个叫作赛伊尼(今埃及的阿斯旺)的地方能看见太阳正当头顶。当时住在亚历山大港(位于赛伊尼北方)的埃拉托色尼发现,一根木棍的阴影形成了一个大约 7 度的角,这个角大约为一个完整的圆的五十分之一。(该角为木棍与木棍顶端和阴影顶端之间连线的夹角。)他查询了赛伊尼和亚历山大港两地之间的距离,于是便计算出了地球的周长约为两个城市距离的 50 倍。我们不清楚埃拉托色尼测量距离时使用的是哪种计算单位,但是他离计算出地球的准确周长,即我们现在所说的约40234 千米,已经十分接近了。

现在让我们又回到亚里士多德。在亚里士多德看来,地球和它的"邻居们"都是由四种元素构成:土、气、水、火。天空则由第五种物质构成,他称这种物质为"以太"(ether)或"第五元素"(quintessence)。现在看来,亚里士多德当时的主张是幼稚的。例如,他所说的"土"中便包含了各种各样的物质,只需看一看泥土中形色各异的物质便可得知。如今我们知道,这些形形色色的物质都是由不到 100 种自然物构成的,我们把这种自然物称为"元素"。在以后的章节中我们将更加深入地对这些元素进行探讨。

古希腊天文学家,生活于萨摩斯岛的阿里斯塔克斯(公元前 310—前 230)通过几何方法演绎出了地球、太阳和月球的相对大小。当他发现太阳要远远大于地球时,他得出了地球围绕太阳运动的结论,因为他不相信体积大的天体会围绕体积小的旋转。地球围绕太阳运动这一观点被称为"日心说"。

同时,阿里斯塔克斯相信地球围绕地轴旋转,由此产生了日夜之分。他还认为地轴相对黄道面(地球绕太阳公转的轨道平面)是倾斜的。对于这些观点,阿里斯塔克斯没有留下任何的文字资料,不过,从伟大的古希腊物理学家阿基米德(公元前 287—前 212)对他的引用中便可以窥见一二。

在接下来的几个世纪里,阿里斯塔克斯的观点并没有得到广泛认同,原因之一是亚里士多德的影响力太大了。而且,当时大家所谓的"常识"也与亚里士多德的理论"交相辉映"。要是地球自己在旋转,那我们为什么感觉不到呢? 为什么我们没有被甩出去? 亚里士多德时代的古希腊人无法解释这些问题,因为他们还不知道有惯性和重力这回事。惯性和重力这两个概念要到 16 世纪后才为人所了解,我们将在下面的章节中进行讨论。

继阿里斯塔克斯之后最伟大的古希腊天文学家是生活在公元前两世纪的希帕克。通过运用三角术,他对阿里斯塔克斯的著作进行了改进,得出了地球、太阳和月球之间相对大小的更为精确的数值。不过,希帕克同意亚里士多德关于太阳围绕地球旋转的观点,而不是相反。

希帕克同意"地心说"的原因在于,如果地球围绕太阳旋转,那么在地球上观察恒星时,恒星的位置便处于不断变换之中。这一位置变换就是"恒星视差",但希帕克并没有观察过这一现象。想要理解视差,你可以在眼前 30 厘米处竖起一根手指,先闭上左眼,用右眼观察手指,然后闭上右眼,用左眼观察。用不同眼睛观察手指时,手指好像处在不同位置。产生这一现象的原因是两只眼睛分开两边,它们在观察手指时采取的角度不一样。手指在两次观察中显现出的不同位置之间的角距离即视差。已知两眼之间的距离,便能通过视差角算出手指的距离。物体离我们越远,我们在不同位置观察它时产生的角距离越小。同时,我们不仅仅局限于两眼之间所看到的不同角度。对于距离十分遥远的物体,我们可以在地球上的不同位置进行观察,看看角度有何变化。然后,可以通过在不同地方观察物体时角度的变化幅度计算出物体的距离。

　　如果地球围绕太阳旋转,那么在冬天和夏天的时候,恒星所处的位置应该会不同,因为地球在这两个时间正处于其轨道的对面位置。以更远的恒星为背景,某一天体在两个不同地点的观测中呈现出的位置差被称为"恒星视差"。见图 1.2。

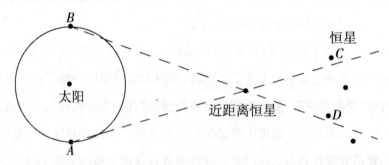

图 1.2　恒星视差。当地球位于其轨道上的 A 点时,近距离恒星看上去离远距离恒星 C 较近,而当地球位于 B 点时,近距离恒星看上去又离 D 较接近。如此看来,以远距离恒星为参照的话,近距离恒星显然处于移动之中。该图不按比例尺绘制

　　然而,由于希帕克没有观察到恒星视差,所以他便断言地球根本没有在移动。希帕克寻找恒星视差的想法本身没有错,现在我们使用望远镜是能够观察到离地球距离较近的恒星视差的。然而,随着被观察对象离我们的距离变大,视差的值随之减少,所以就希帕克而言,其所拥有的测量设备就连最近恒星的视差都无法观测得到。他所拥有的观测设备就是他自己的眼睛。于是,希帕克与"日心说"擦肩而过,因为他不相信恒星距离我们如此遥远。

　　生活在亚历山大港的天文学家克劳迪亚斯·托勒密活跃于公元 2 世纪。

他对当时盛行的思想进行了汇编,并通过观测,加入了自己的一些观点。在托勒密系统中,地球静止不动,位于宇宙的中心,太阳、月球、恒星、行星环绕地球运动,运动轨迹为圆。所有恒星固定于一个每 24 小时自转一圈的"天球"上。行星则固定在另一个天球上,因为参照恒星来看,行星处在移动之中。

为了让其设想符合严密的观测,托勒密不得不假定行星的运动轨迹是一种叫作"本轮"的小圆,而"本轮"的圆心则在更大的圆形轨道上绕地球做圆周运动。本轮概念的首次提出是在托勒密前大概 400 年。那时,人们通过观测注意到,行星的运行轨道并不是亚里士多德圆。圆应有"完美的"弧线,因此,行星的运动轨道便被描述为圆中的圆。

当托勒密的系统被介绍给卡斯蒂利亚·列昂的国王阿方索十世(1221－1284)时,据说当时国王说道:"要是神在创造宇宙时问问我的看法,我一定建议他把宇宙造得简单点。"

1.4　哥白尼革命

尽管受到国王阿方索以及其他人的质疑,托勒密系统仍然被广泛接受,直到波兰科学家哥白尼(1473－1543)对阿里斯塔克斯的"日心说"进行改良。哥白尼认为,所有行星绕太阳旋转。他设想,因为恒星距离地球太过遥远,因而无法观测到视差,从而找到了观察不到视差的真正原因。哥白尼的著作完成于约 1530 年,但直到他去世前才得以出版。出版时,书被冠以《天体运行论》之名。这个看上去与全书思想南辕北辙的书名是出版商起的。

由于哥白尼假定行星绕太阳做圆周运动(它们的轨道实际上近似于椭圆),所以他同样不得不假定本轮的存在。事实上,哥白尼模型与托勒密模型同样复杂,其预测也并没有比托勒密模型精确多少。然而,哥白尼能计算出各个行星之于太阳的相对距离和相对速度,而这在以地球为中心的模型中是不可能的。

我们把哥白尼的学说称为"哥白尼革命"是因为他的著作开始深刻地改变我们对宇宙的看法。哥白尼将我们眼中宇宙的中心从地球转移到了太阳,但后来人们意识到,太阳也仅仅是我们称之为"银河系"的广袤无垠的恒星群中的一颗恒星。再后来,人们发现银河系也不过是纷繁复杂的星系群中一个巨大的星系。

由于复杂的原因(在此不作深入讨论),天主教会采纳的是亚里士多德的"地心说"。在哥白尼所处的年代,教会不仅对宗教观点严格审查,对科学思想也严加防范,所以哥白尼的学说受到了教会的残酷打压。尽管如此,哥白尼的著作还是留存了下来,而哥白尼则成为深刻影响我们宇宙观的一系列重大科学革命的先行者。

太阳系和太阳系之外

哲学书写于一本时刻展开在我们眼前的伟大书籍之上
（宇宙），但只有理解它的语言和文字才能读懂它。它是用数
学语言书写而成。

——伽利略·伽利雷（1564—1642）

2.1　椭圆轨道

哥白尼对太阳和行星（太阳系）的描述相对于托勒密体系而言已是巨大的
进步，但哥白尼学说中关于行星围绕太阳做圆周运动这一设想是错误的。大约
一个世纪后，德国天文学家、数学家约翰尼斯·开普勒（1571—1630）取得了巨
大进步。利用丹麦天文学家第谷·布拉赫（1546—1601）对行星进行精确观察
时所做的记录，开普勒得出了以下结论：行星绕太阳运行的轨道并非圆形，而是
卵形，我们称这种轨道为椭圆形轨道。

一个椭圆有两个焦点，分布于中心的两侧。椭圆上任意一点到两个焦点的

距离之和为一个常数。椭圆大小不变时,焦点之间距离越短,椭圆就越接近一个正圆。当两个焦点重合时,椭圆就变成了正圆。开普勒所观测到的行星运行轨道是十分接近正圆的。图2.1为一个椭圆,其扁率比行星轨道要高得多。

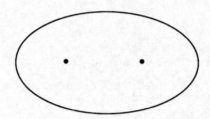

图2.1　椭圆和它的两个焦点

从布拉赫的观测中,开普勒总结出太阳并不是在椭圆的中心,而是位于椭圆的一个焦点上,而另一个焦点则空空如也。行星在以太阳为一个焦点的椭圆轨道上绕太阳运动,这就是开普勒第一定律。从第谷·布拉赫的观测中,开普勒推导出了行星运动的后两条定律。

开普勒第二定律认为,连接行星和太阳的假想线在同等时间掠过同等面积。因此,在距离太阳最近(处于近日点)时,行星运行速度最快。见图2.2。若图中两块阴影面积相等,那么行星从 A 运行到 B 所花时间与行星从 C 运行到 D 所花时间相等。现实中的行星运行轨道比图中更接近一个正圆。

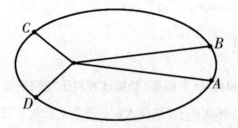

图2.2　图解开普勒第二定律

开普勒第三定律则认为,行星周期(行星在其轨道上运行1圈所用时间)的平方与轨道的半长轴(从椭圆中心出发,穿过1个焦点与椭圆相交的线段长)的立方成正比(平方即2次方,立方即3次方)。轨道越长,行星移动速度越慢,这一观测到的现象至此被开普勒第三定律量化。

开普勒的三条定律十分精确,但我们现在知道,它们并不是无懈可击。例如,人们在 19 世纪发现水星轨道与理论之间存在微小的差异,表明水星轨道并非完美的椭圆。造成这一差异的部分原因可能是来自其他行星的引力产生的摄动,但仍存在剩余偏差。这一偏差无法得到科学解释,直到 20 世纪初广义相对论问世。我们将在第 10 章讨论这一问题。

当开普勒在进行行星运动三大定律的相关研究时,他断言,行星之所以绕太阳运动是太阳对其施加了某种影响。这一观点就是英国物理学家艾萨克·牛顿(1642—1727)的引力理论的前身。

通过观察,开普勒发现所有的行星都在同一个方向上绕太阳旋转。而在古代,人们相信所有行星在同一个方向上绕地球旋转。然而,在某些时候,行星看上去就像在经历所谓的逆行——也就是说,从地球上观察,它们会临时改变运动方向。之前,人们借助本轮来解释逆行这一现象,不过到了开普勒时代,人们便能借助开普勒三大定律来进行解释了。对于比地球更加远离太阳的行星来说,它们的运动速度比地球要慢。当地球与这一行星运行到太阳同一侧时,由于地球运动速度快,这一行星相对地球来说就是往相反方向运动。当然,当这一行星处于太阳的另一边时,其运动方向与地球相反。

目前,我们对行星在同一个方向上绕太阳旋转的解释为,太阳系是由一个旋转的气体云演化而来,当这个气体云不断收缩,最后形成太阳和行星时,它的旋转保持了下来。这就是太阳绕轴心自转的方向与行星绕太阳公转的方向相同的原因。太阳和行星具有"角动量",我们将在第 7 章对这一概念进行阐述。

2.2　伽利略的贡献

意大利人伽利略与开普勒处于同一个时代,他被誉为"现代"首个伟大的物理学家(那时人们称物理学为哲学)。伽利略革命性地改变了我们的运动观和天文观。他和开普勒都对 1604 年的超新星——天空中突然变亮的物体——进行了观测。由于没有视差,伽利略意识到这个物体应该是距我们十分遥远的恒星,这也就解释了为什么它如此之亮。现在我们知道,超新星就是一个正在经历大爆发的恒星。我们将在第18章继续探讨超新星的问题。

望远镜并非伽利略所发明,但是当他听说这一设备后立马自己制造了一台,并首次将望远镜应用于天文观察。伽利略最重要的发现之一就是首次对木星的4颗卫星进行了观测。通过在不同时间观察这些卫星,伽利略断言它们所围绕的行星是木星而不是地球。当然,伽利略的研究表明,假定行星围绕太阳——而不是地球——旋转要简单得多,但许多天文学家仍然不愿意放弃"地心说"。

伽利略对太阳黑子也进行了研究。黑子是太阳表面亮度较低的斑点,在伽利略之前,天文学家相信黑子不在太阳表面,而是在太阳前面移动。然而,伽利略指出,黑子在靠近太阳边缘时的移动速度比它靠近太阳中心时要慢。伽利略对这一现象的解释为,太阳按一个恒定的角速度自转,当一个黑子靠近太阳边缘时,由于太阳的自转,黑子的运动方向在很大程度上是朝向或远离地球,这就让它的运动显得比较慢。伽利略的研究推翻了那些认为太阳完美无瑕和认为太阳不自转的观点。

在其著作《关于两门新科学的谈话和数学证明》中,伽利略大力推崇了"日心说"。由于教会的禁令,伽利略没有直接宣扬哥白尼的观点,而是在书中引进了三个角色:Salviati,Simplico 和 Segredo。利用伽利略观测所得,Salviati 大力倡导了"日心说",而 Simlico 则为亚里士多德的"地心说"进行了辩解。Segredo 听了两人的辩论后,最终被 Salviati 的雄辩折服。尽管伽利略在前言中声称自己并不相信哥白尼体系,教会还是将他的著作列为禁书(哥白尼和开普勒的著作受到了同样的待遇),伽利略的后半生也在教会的软禁中度过。

2.3 恒星

哥白尼革命开始了宇宙观的深刻变革。哥白尼的著作使得地球为宇宙中心的观点遭到摒弃,取而代之的是太阳为宇宙中心这一更加新颖的观点。后来,天文学家发现太阳也不是宇宙中心;它只不过是银河系大约两千亿颗恒星中的一颗。再后来,天文学家又发现,银河系也仅仅是我们能观测到的宇宙中几十亿个星系里的一个。人们预测,宇宙中共有约 1 万亿个星系。

哥白尼明白,恒星并非太阳系的组成部分。恒星看上去在以每 24 小时 1 圈的速度绕地球旋转,但这只是地球绕着穿过其南北两极和地心的地轴自转而使人们产生的错觉。在哥白尼和伽利略看来,恒星是固定不动的。现在我们知道,恒星其实也处于移动之中,只是因为太过遥远,所以肉眼看上去像是静止不动。

让我们来探讨一下除了由于地球自转产生的错觉之外,我们为何无法觉察恒星的移动。当你观察一辆静止不动的小汽车时,车的前后两头反射的光线会以不同的角度进入你的眼睛。角度的差异能让你意识到小汽车具有某种长度。如果将小汽车的距离增加一倍,光线的夹角便缩小为原先的一半(近似一半),于是小汽车的长度看上去也缩小至原先的一半。我们的大脑会自动弥补视觉上长度的缩短,所以我们不会觉得车子变小了。然而,恒星在我们眼中不过是一个闪光的小点,大脑无法对其进行补偿,所以仅仅通过观察,我们无法发现一颗恒星距离我们的远近。现在,我们假设有一个人在某段时间内从车头走到车尾。如果车和人的距离增大至原来的 2 倍,那么在同样的时间里,人看上去只走了之前距离的一半(因为小汽车看上去只有原先一半的长度),所以行走的速度似乎也减慢了一半。人离得越远,他行走的速度看上去就越慢。这一现象对于其他的移动物来说也一样,例如,在高空中飞行的飞机似乎比靠近地面飞行的飞机速度要慢。恒星距离我们实在太过遥远,所以在我们眼中,它们的速度低到让我们无法察觉它们在运动。在第 9 章中,我们将通过观察恒星运动所导致的光谱变化(多普勒效应)来推导出有关恒星运动速度的信息。

天文学家通过观察所得到的信息需根据自然的物理定律,或者更准确地说,根据我们关于自然如何运行的理论来加以解释。例如,只有在理论的指导下,我们才能理解恒星为何发光。我们将在第 15 章讨论这一问题。

第③章

牛顿的时空观

> 上帝以其智慧创造了苍蝇，却忘记告诉我们为何创造它。
>
> ——奥格登·纳什（1902－1971）

为了对宇宙进行有效的研究，我们有必要对自然界中的力有所了解。我们还需对空间、时间和运动的概念有所认识。本书中，有好几章都与这些主题相关。我们首先从那些有助于描述自然界寻常事件的时空概念着手，但若想更深层次地了解自然，这些概念仍需改进。其他有助于我们理解宇宙的主题，我们将在接下来的几章中进行讨论。

3.1 无限的宇宙

在超过两百年的时间里，艾萨克·牛顿的时空观在物理学界被广泛接受，但在 20 世纪时又被相对论和量子力学推翻。狭义相对论和广义相对论的创始人为出生于德国的物理学家阿尔伯特·爱因斯坦（1879－1955），其后来因希特勒上台而于 1933 年逃离德国,加入美国国籍。量子物理的概念始于 19 世纪最后一年,即 1900 年马克斯·普朗克的研究成果。在接下来的多年里,量子物理的研究由众多物理学家共同推进,并在 20 世纪 20 年代以量子力学的创立为标志达到顶峰。

牛顿的空间观认为,空间独立于物质而存在,并沿着三个相互垂直的方向无限延伸。通过一点能画出相互垂直的直线的数量为空间的维度。在我们肉眼看来,空间是三维的,尽管有许多猜想认为空间中存在着人类无法察觉到的维度。

我们无法测量一个无限长的距离的长度,或是直接测量任何无限的量。所以,空间是无限的这一说法仅在理论上成立,因为它无法被证明。不过,我们也许能检验这一理论所预测的结果。若结果符合预料(在测量允许的误差范围之内),那么我们便相信这一理论的正确性。但人们的信念也会经常动摇,因为在将来,随着新的测量手段的出现,这一理论的某一预测很可能就会被推翻。

牛顿的空间观还有其他特性。首先,它是"平面的",即它符合欧几里得几何的原理。在欧几里得几何中,(直的)平行线永不相交(换种说法,就是仅在无限处相交)。这一关于平行线的描述有时用来定义何为平行。在平面几何,或欧几里得几何中,通过给定直线外任意一点,只存在一条直线与给定直线平行。这一描述(与平行线的定义一起)可以说是欧几里得几何所赖以建立的数条定理之一。不过,这一定理无法通过欧几里得几何其他几条定理得到证明。图 3.1 为欧几里得几何中的平行线。

图 3.1　欧几里得几何中的平行线

理论上,这两条直线能在两个方向上无限延伸而不出现交点

后来,数学的发展表明,当否定这一定义,或者说这一定理时,由之产生的

"非欧几里得"几何依然成立。定理应该是不证自明的。由于达不到这一要求，与其将欧几里得的这一陈述称为定理，不如将其称为"公设"。公设为某一数学系统的基本假设，不必具有不证自明的性质，甚至其在本质上可能是错误的。所以，我们在此将平行线永不相交看作一个公设，而不是一个定义。于是，我们必须对使两条直线呈现平行的条件进行重新定义。若放在非欧几里得几何里进行讨论，那么这个定义就很复杂了，会让我们偏离本书的主题。

曲面上两点间的"直线"被定义为两点在这个面上最短的距离。我们来举一个非欧几里得几何的例子。先假设有一个球体，其表面为曲面。在这个曲面上的任一"直线"都构成一个"大圆弧"，即中心位于球心的圆弧。此时，在球面上，平行直线出现了交点。例如，地球的经线便是大圆弧。在赤道上时，它们全都是平行线，却在南极和北极相交成两点。大圆弧的示例见图3.2。

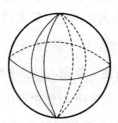

图 3.2　球面上的大圆弧

另一方面，尽管纬线各不相交，但除了赤道本身，其他纬线并不是大圆弧。因此，纬线被认为是曲线。由于平行线意味着平行的"直线"，所以纬线被认为是非平行线。

我们必须将平直的三维空间和二维平面空间区分开来。试想一下，如果有生命被困在二维空间而不知道第三维的存在，它会怎样？事实上，我们所了解的生命形式是无法在二维中存在的，它离不开第三维。我们可以这么理解：在三维空间中，我们所吃的食物要经过人体的腔道，这条腔道必须畅通无阻，我们才能在腔道末端排出粪便。但在二维空间中，如果存在这么一条一直贯通的腔道，且两头都有开口的话，人就被分隔为两部分了。这与在三维空间中不同，因为三维空间中一条通道可首尾贯穿而身体还能保持一整块。当然，理论上在一个二维的身体里也能存在一个长通道,但只能有一个开口,此时排便和进食就得共用一个开口了。

暂且先不考虑生命如何存在于二维空间(我们相信它不能),让我们来检测一个设想——一个二维的人观察一个球体从他的平面穿过。球体刚接触到平面时,看上去是一个点,然后变成一个圆圈,圆圈逐渐变大到最大,再缩小到一个点,最后消失不见。在外面观察球体的二维人不会观察到点变成圆圈,而是会看见它变成一条线,线变长,然后又变短直至消失。

当圆自转时,在观察者看来它就是一条形状不变的线段,原因是圆在任何 0 度到 360 度的自转中都能保持其外观,这是其他的二维曲线图所不可比拟的。例如,一个正方形在自转 90 度或者 90 度的倍数时可以保持外观不变,但是当角度小于 90 度时,在其外部观察所得的线段长度就会发生变化。

处于三维世界中的我们无法真正地看到一个完整的球形,因为球形在我们眼中只是以一个圆盘的形式呈现。我们的大脑能将圆盘转化为球形,是因为深度知觉在起作用,但深度知觉对于远处的物体,如月球,无能为力。我们通过其他方式了解月球是球形而不是圆盘形,其中最直接的方式就是发射人造卫星绕月球旋转。

球形也具有其他形体无法比拟的对称性,因为无论球体怎么自转,它的外观都保持不变。当然,月球的阳面是会变换形状的,因为其阳面是受到太阳光线照射,因而能被人们观察到的部分,当月球绕地球运动时,这一部分会发生变化。不过,我们有时也能隐隐约约地看见月球上阴影笼罩的部分,这个时候我们就发现,阴影部分与光亮部分正好组成一个圆。

当一个四维的"球体"穿过我们的三维空间,我们会看到一个点变成一个类似圆盘的物体,慢慢地变到最大,然后开始缩小,最后消失。通过深度知觉,我们能觉察出这个圆盘实际上是个球体。

我们再回到三维空间上来。牛顿认为,虚空(真空)独立于它内部所有的物质而存在(如何观察到虚空这一问题是牛顿无法回答的)。根据牛顿的理论,空

17

间在任何情况下都具有传递引力的性质。然而,虚空无法传递声音,因为声音的传递需要介质,如空气。牛顿对这种"因距离而产生"的引力作用感到十分别扭,却又找不到其他更好的理由来解释产生引力的机制。牛顿关于不同位置的两个物体之间作用力的看法中含糊地表达了这么一个观点:无论两个物体相隔多远,它们之间都存在连续不断的引力作用。这一观点暗示了引力的作用速率是无限的,这后来被证明是个伪命题,我们将在之后的章节中讨论。不过,平常情况下,牛顿关于引力的学说在应用中却能屡试不爽,这就解释了为什么我们仍然在使用牛顿引力定律。

3.2 无穷的时间

牛顿认为,时间也是无穷的,但时间与空间有几个关键性的差别。时间是一维的,从无限的过去延伸到无限的未来。我们在空间中可以上下前后左右自由运动,在时间里却只能往前走,毫无选择余地。同时,牛顿认为我们每个人的时间都是以同样速率向前走,没有什么能够干扰时间的流动。后来,这些观点被证明并不正确,但在多数情形下是接近真相的。

某些(不是所有)现代物理学的公式在时间逆流的情况下也是成立的。例如,如果时间逆流,地球就会顺时针自转,并绕太阳做顺时针运动。远距离的观察者无法据此判断时间是在顺流还是逆流。

不过,我们观察到的大多数事物能帮助我们分辨时间的走向。想象在一个录像中有一颗鸡蛋掉落地面并打碎。倒着放这个录像,我们就会看见打碎的鸡蛋自己恢复成一整颗,并回到了桌面上。任何熟悉现实生活中事物运行规律的人都知道录像是在倒着播放的,这种违背常识的事情不会发生在现实生活中。

牛顿时空观的谬误之处在现实生活中是难以察觉的。牛顿是史上最伟大的科学家和数学家之一,绝不会在时空的本质问题上出现明显的失误。出现这些细微错误的主要原因是当时没有现代化的精密实验,而后来的科学家正是通过精密的实验发现牛顿理论中的不足之处。牛顿当然也不知道詹姆斯·克拉克·麦克斯韦(1831—1879)在 19 世纪创立的电磁理论,就是在这一理论中暗藏着与牛顿学说相互矛盾的观点(这些矛盾之处由爱因斯坦在 20 世纪初发现)。我们将在后面章节中对此进行探讨。

3.3　标量和矢量

很明显,正因为我们存在于时空之中,所以我们能够讨论时空。空间中有形形色色的物体。牛顿在虚空中探讨空间和时间的特性,因为他认为空间中物体的存在不会对其特性产生影响。正如我们所言,牛顿这一观点并非完全正确。但现在我们暂且忽略物质和运动对时空的影响,先来讨论一下牛顿时空观里的物体。我们知道,运动依赖于时间和空间,因为空间中的运动既要占地方,又要耗时间。为了进一步探讨运动,我们必须先准确地定义一下我们熟悉的距离、速度和加速度。

我们引入标量和矢量的概念。如果测量的某个量能单用一个数字(数量)加上相应的单位来表示,这个量则为标量。一杯水的温度就是一个标量,因为它可以用一个数量,如 20,加上一个单位,如摄氏度(简写为℃)来表示。换成其他单位的话,数量会发生变化,如,20℃可转换为 68 华氏度(68 ℉)。

然而,有些事物的说明不仅仅需要一个数字。例如,如果我们告诉一个旅行者波士顿距离纽约 330 千米,这个旅行者还是不知道该如何从纽约去往波士顿。我们仍需指明其方向,例如,大概是在东北方向。我们旅行的方向也能用数字表示,如该方向与正北方向的夹角。在这个例子中,只需使用一个角度即可注明方向,因为这个运动仅仅发生在地球的表面。如果讨论的是某物离树上一只鸟儿的距离,那我们还需要另一个角度来表示这个物体和鸟儿之间的连线与水平面之间的夹角。同时拥有数量和方向的量就叫作矢量,矢量的大小有时被称为标量。

两点之间的距离是一个标量。纽约到华盛顿的距离大约等同于纽约到波士顿的距离。但是,从纽约去往华盛顿和从纽约去往波士顿的方向几乎相反。

物理学家使用"位移"这一术语来表示从一点到另一点的距离和方向上的变化。

科学家经常使用符号而不是文字来指代常用的量。代表某个量的符号一般是一个字母。这种方法不仅节约时间,而且有助于集中注意力。同时,当科学家们使用符号时,他们能更方便地运用数学工具进行运算,从而推进其科学研究。

我们通常用一个斜体字母来代表某个标量,而矢量则用一个粗体字母。两点之间的距离我们通常用 s 表示,而位移则用 $\mathbf{s}$。数量 s 即为矢量 $\mathbf{s}$ 的大小。有时我们在探讨一个问题时会涉及多个距离(或其他类型的数量),这时我们便用不同的字母或者下标来进行区分。使用哪种符号来指代某种量并不重要,只要对其清楚定义以避免产生混淆。

在讨论两地之间距离,例如波士顿到纽约的距离时,我们需要区分两个不同的量。第一个量是直线距离(就像鸟飞行的距离),这个距离也是位移的大小。第二个量是沿着蜿蜒的公路开车需要经过的距离。一般情况下,我们所说的距离即直线距离,除非上下文中另有说明。如果你绕着一个圈走,最终回到起始位置,那么你走过的距离显然不是零。不过,在这种情况下,你并没有任何的矢量移动,因此你位移的大小为零。当一个矢量的大小为零时,它的方向无法确定。

当我们讨论波士顿与纽约之间的直线距离时,我们忽略了一个重要的事实——连接这两座城市之间的直线会从地表之下穿过(纽约和东京之间的直线就更不用说了)。当两点处于曲面上时,我们所说的两点间的直线距离是指该曲面上两点间的最短距离。如果把地球理想化为一个规则的球形(没有山川河谷、两极也不是扁平状),那么地球表面上两点间的最短距离就是穿过两点的大圆的一个部分。对于地球上任意两点,若它们不是对跖点(对跖点即地球同一直径的两个端点),那么就只有一个大圆穿过这两点。若两点非对跖点,那么从任意一点出发,沿大圆弧线有两条道路可通往另一点。两条路都可视为球形上的"直线",其中路程较短的长度即为两点间最短距离。若两点为对跖点,那么穿过两点有无数大圆,且在所有大圆上两点的距离都相等。球面上两点之间任何不沿大圆的路径都被视为"曲线"。

例如,洛杉矶和亚特兰大都处在北纬约 34°的位置(事实上,亚特兰大比洛杉矶稍微偏南,差别小于纬度 1°)。但是,如果飞机想取最短路线从洛杉矶飞往亚特兰大,它就不能沿着北纬 34°的纬线飞行,而是沿着连接两座城市的大圆。这一最短路线除了起点和终点外,其他部分都处于北纬 34°之上。

在许多情况下,两地之间地面的曲度都小到可以忽略不计。在这种情况下,我们不需要考虑曲度,把地表看成是平的即可。

让我们回到矢量。矢量的大小和方向还有另外一种表达方式,即使用矢量的分量(component)。例如,假如你看见杆上有一只啄木鸟,为了表示从你的位置移动到啄木鸟的位置应发生的位移,可先用两个数字对杆的位置进行定位,再用一个数字表示啄木鸟在杆上的高度。到达杆的位置,你需向北走 30 米,再向西走 40 米。然后,达到啄木鸟的位置,你需沿着杆向上爬 10 米。为了表示这一矢量位移,我们用 3 个带单位(在这个例子中就是米,简写为 m)的数字:向北 30 米、向西 40 米、向上 10 米。这 3 个数字就是这次矢量位移的分量。

位移的 3 个分量可以很好地代替位移的大小和方向。不过,如果我们还是想用大小和方向来表示位移,我们仍需使用 3 个数字,因为在通常情况下,我们在表示方向的时候需要两个角度,例如,与正北方向的夹角和与水平方向的夹角。而矢量的大小则是我们需要的第 3 个数字。

为了对位移进行测量,我们可以想象从任一点出发的 3 条相互垂直的直线,我们把这 3 条直线称为"轴",把这个点则称为"原点"。3 条轴可称为 x 轴、y 轴和 z 轴。直线的方向不固定,任何相互垂直的 3 个方向即可。例如,x 轴可以指向东方,y 轴指向北方,z 轴指向正上方。通过给定 3 条轴上的分量,我们能表示位移或其他的矢量。

假设有这么一个矢量,我们称之为 F。假设 F 代表作用于某个物体的一个力,我们粗略地把它定义为一个推力或拉力。一个作用力不仅具有大小而且具有方向,所以它符合矢量的定义(我们同样也可以想象另一个任意的矢量,并用任何字母来表示)。然后,我们将这个作用力在 x、y、z 三个方向上的分量分别用 F_x、F_y、F_z 表示。

矢量的图形是一端带有箭头的线段。线段的长度代表该矢量的大小,箭头所指方向为矢量的方向。线段带有箭头的一端我们称之为矢量的"头",另一端则称为矢量的"尾"。

图 3.3 为矢量 F 以及 F 的 3 个分量在任意选取的 3 条相互垂直的轴线上的投影。我们无法在一张二维的纸张上描绘出一个三维的坐标,所以只能想象 y 轴垂直于纸张,并指向纸张的外面。

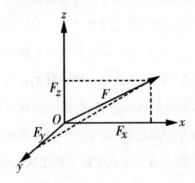

图 3.3　矢量 F 以及 F 的分量在相互垂直的三条轴线上的投影。应想象 y 轴垂直于纸张,并指向纸张的外面

物理学中的量数不胜数,但是字母表中的字母是有限的。有时我们也会用到希腊字母或是一些特殊字符,而有时我们也用相同的字母来代表不同的量。例如,字母 s(斜体)通常用来指距离,而 s(非斜体)则用来指秒,一种时间单位。如果上下文中没有进行说明,那么不同的量就应该用不同的字母表示。

3.4　四维时空

对一个矢量进行说明需要用到 3 个数字,这并非巧合,例如位移,不管是用它的大小和方向来表示,还是用它的三个分量表示。之所以这样,是我们生活在一个有着三个空间维度的世界里。更准确来说,我们能感知到这个世界的三个空间维度。世界上也许还存在着我们仍无法感知到的维度(见第 20 章)。因为空间看上去有 3 个维度,所以位移通常被称作一个 3—矢量。

在一个平面上,我们很容易就能画出一个位移,这个位移只需两个数字便能表达清楚,而沿着一条直线的位移则仅需一个数字。另一方面,我们很难想象一个拥有 3 个以上维度的世界是什么样子。这样的世界超出了我们的经验。然而,数学家能用数学符号轻而易举地"描述"具有任意多维度的世界,尽管他们在想象多维空间时和我们一样云里雾里。

很多人想知道为什么我们的空间有 3 个维度。有些人甚至提出了一些理论,但目前还没人能够给出一个令人满意的解释。有些人猜测世界上还有其他维度,只是这些维度只存在于空间扭曲的方向上,且这种扭曲范围很小,以至于我们察觉不到。不过,目前世界上还没有人声称自己发现了宇宙中其他空间维度的存在。

在物理学中,时间似乎是与空间一样基本的概念。我们通常把时间看作一个标量,因为只需一个数字便能对其进行说明。例如,一家人在下午 7 点钟坐下来一起吃饭。上述的这个时间能被人理解是因为我们有标准的时间单位(小时、分钟、秒钟等等)以及标准的时区划分。就像我们用标准的量尺来测量距离,我们也用标准的时钟来测量时间。

但还有一种理论认为,时间并不是一个标量。假设要求你描述见到一只啄木鸟在杆子上的时间以及啄木鸟所在位置,你也许会给出四组数字:往北 30 米,往西 40 米,向上 10 米,下午 4:20。这些数字可以称作一个 4—矢量的分量。当然,这不是一个平常的矢量,因为它有 3 个分量标注地点而第 4 个分量则标注时间。因此,4—矢量并不是空间中普通的矢量,而是时空中的矢量。正是基于这一点,时间有时被称作第 4 维。这一解释有个明显的漏洞,因为时间的单位和距离不相同。不过,因为速率和时间的产物与距离有着同样的单位,我们就能通过时间乘以速率(通常会用到光速)来解决单位不同的问题。于是,第 4 个数字就是一束光在给定时间内旅行的距离。

借助四维时空的概念,爱因斯坦的狭义相对论和广义相对论(第10章将会讨论到)得到了很好的描述。在这些理论中,我们通常用到的空间距离和时间间隔不是真正的标量,真正的标量是时空位移的大小。时空位移的大小取决于时空的特性,而这些特性则取决于一个叫作"对易子"的东西。不过,把距离和时间近似地看作不同的标量已经能够解决许多问题了。实际上,在牛顿力学起作用的所有地方,把距离和时间近似地看作不同的标量都是行得通的,而牛顿力学对地球上正常的宏观物体运动都描述得近乎完美。我们将在第5章和第6章分别讨论牛顿运动定律和牛顿引力理论。所以,在讨论相对论之前,我们将距离和时间视为两个不同的分量。

3.5 速度和加速度

在研究运动时,有许多标量和矢量具有重要的意义。我们已经探讨过一些标量(温度、距离、时间)和矢量(位移、作用力)。接下来我们将对这些量进行更深入的研究,并介绍一些新的量。

假设一个旅行者能在5小时(hr)的时间内从波士顿旅行350千米(km)到达纽约。已知距离和时间,我们就能定义一个衍生量——平均速率,其算法是用旅行的距离除以旅行的时间。在上面的例子中,平均速率为70千米每小时(70km/hr),由350千米除以5小时求得。70千米每小时大概相当于44英里每小时(mi/hr)。

让我们用 v 表示"速率",用 $\bar{v}$ 表示"平均速率"(在这里,我们用符号上方的横杠来表示该符号的平均值。在后面的章节中横杠又是其他的意思)。我们对某一物体的平均速率的定义是经过的路程(用符号 s 表示)与所耗时间(用 t 表示)的比值。于是,用符号表示就是 $\bar{v}=s/t$。使用符号不仅方便指称,更有利于我们运用代数方法来处理各种量。不过,在本书中我们很少用到代数。不幸的是,使用符号也是有代价的:我们要么记清楚这些符号代表什么,要么就得在旁边写下它们各自的定义。

要是我们的旅行者在纽约到波士顿的途中不停地看车子的速度计,他就会发现速度计的读数并不总是 70 千米每小时,而是时高时低。为了弄清楚汽车在任一时间点的速率,我们就需要利用一个概念——瞬时速率。但是瞬时其实不包含任何的时间长度。我们说速率是距离除以时间,但是当时间是 0 的时候,我们该如何求得速率? 我们很小的时候就在数学中学过,任何数都不能除以 0。

我们是这样解决这一难题的:将整个距离分为若干小段,然后测量经过每段距离时花费的时间。这样,每段路线上的平均速率即为该段路线的长度除以经过它所耗时长。每段距离越短,相应的耗时便越少。当某段距离和经过它所耗时长短到汽车在这段时间内的变速无法明显地识别时,汽车在这段时间内的平均速率就大约等于汽车穿过这一小段路程的速率。因此,我们可以将物体在某一刻的瞬时速度定义为物体在包含这一时间点的某段无限短的时间内的平均速度。一个更精确的定义是,物体的瞬时速度是当距离和时间取任意长度时,物体平均速度的界限。数学有一个分支用来计算无限小的量,那就是微积分,不过本书不会对微积分进行深入讨论。

就像我们把速率这一标量定义为物体运动的距离与所用时间的比值,我们同样也可以把速度这一矢量定义为物体位移的距离与所用时间的比值。速度这一矢量通常用 V 表示。速率 v 是速度的大小。遗憾的是,甚至连物理学家们都会出现用词不考究的情况,错把"速度"当"速率"。正因为这一点,人们经常不得不在上下文中苦苦寻找线索来进行判断。

之前,我们讲到一辆在旅途中变换着速率行驶的小汽车。小汽车在行驶时同样也会改变方向。当一个物体的速率或方向发生变化、或两者都发生变化时,我们称它的速度发生了改变。如果一个物体的速度发生了改变,我们说这个物体经历了加速度(通常用 a 表示)。跟速度一样,加速度也是一个矢量,尽管加速度的大小——也叫加速率(译者注:英文中没有对加速度和加速率的用词进行区分,两者都是 acceleration)——是个标量。因为我们用同一个词表示矢量加速度和标量加速度,我们就得通过上下文进行辨别。不过它们两个的符号却不一样,矢量加速度的符号是 a,而标量加速度的符号是 a。

我们对加速度的定义是,在某段很短的时间内物体运动速度的变化量与时间的比值,或者说,加速度就是速度的变化率。当小汽车沿着一条笔直的公路加速或减速行驶时,这辆小汽车的加速度实际上只体现在速率的变化上。当小汽车以恒定速度沿着一条曲线行驶时,这辆小汽车的加速度其实是体现在方向的变化上。当然,这辆小汽车也可以边沿着曲线行驶边改变其速率,这也是加速度的表现形式。在日常用语中,降低速度一般称为"减速",但我们通常用加速这一个词语来代替所有的减速、加速,以及任何情况下方向的改变。

许多人容易混淆速度和加速度的概念,因为两者都是矢量,两者都有各自的方向,且方向还不一定相同。若一个物体的速度和加速度方向相同,这个物体便会沿直线做加速运动。若加速度和速度方向相反,物体则会沿直线做减速运动。若加速度和速度方向形成一个夹角,物体便会沿着一条曲线运动。

当一个物体的速度在某一刻为 0 时,其加速度有可能不为 0。例如,当你向上抛出一个球,当球到达它离地面的最高点时,球的速度便为 0。然而,此刻球的加速度不是 0,因为尽管球暂时保持静止,它的速度却在发生变化。如果速度和加速度都为 0 的话,速度就会保持不变,此时球就会在空中一直保持静止不动。这显然与我们的观察不符。

速度和加速度的单位是不同的。因为速度是位移与时间的比值,所以速度的单位是位移的单位,例如米(m)与时间单位——例如秒(m)的比值,如 m/s。加速度的单位是速度的单位(如 m/s)与时间单位(s)的比值,如 m/s/s。这个单位同样也写作 m/s^2。

第  章

早期的运动观

> 悖论。本质上自相矛盾的论述,尽管是从正确的前提合
> 理地推演而来。
>
> ——《美国传统词典》(霍顿·米夫林,1985)

4.1 齐诺悖论

我们在讨论空间和时间的中途打断,以便讨论一下关于运动的一些问题。研究清楚日常生活中的运动,我们才能理解宇宙中的运动。我们先从早期的运动观着手。

发现一个明显的悖论往往是在逻辑学和科学上取得重大进步的第一步。如果若干个前提条件通向一个自相矛盾的结论,那么,这些前提条件在本质上是不相容的。在数学中,我们用到的前提或假设可以稀奇古怪,但它们之间绝不能自相矛盾。奇怪的前提也许会引向奇怪的数学,但这是允许的。

然而,当我们设定一系列数学假设,最后得出的结论是自相矛盾的,我们就

27

得对这些假设进行检查,去除某些假设或用其他假设取而代之,直到获得满意的计算结果。有时,获得满意结果有多条路径可供选择,每条路径都引向一个不同的数学体系。那么,在这么多的体系中我们该如何选择?答案是我们不选择。每个自洽的体系都具有同等的有效性,尽管有些相对其他体系而言更加庞大或更加美妙。

另外,在科学中,我们又希望自己的观点能够尽可能准确地反映自然。如果在科学中出现了悖论,那么它的前提条件中至少有一个是错误的,因为自然的法则必须是相容的。宇宙本身的存在便是其相容性的证据。所以,当我们在科学中遇到悖论时,我们就会得出一个结论:自然的运行和人类的设想之间存在着某种难以察觉的差别。辨别错误前提、寻找正确前提来取而代之的过程往往是令人激动的。

物理学发展的过程中出现过许许多多的悖论,其中某些悖论的解决让我们在理解自然的过程中取得关键性进展。齐诺悖论并不在这些悖论之中,因为它的逻辑和假设都是错误的,但是齐诺悖论很值得我们探讨一番。

绝大所数人认为运动是理所当然的,但不是所有人都这样认为。古希腊的一些哲学家认为运动只是幻想,并试图去证明它。这些哲学家中最突出的一位是埃利亚的齐诺(公元前490—公元前430),埃利亚学派哲学家巴门尼德的追随者。巴门尼德认为真实是永恒不变的,因此变化是绝无可能的。作为埃利亚学派忠实的追随者,齐诺试图在逻辑上证明运动是幻觉,不可能存在于现实当中。

为了证明他的观点,齐诺设置了一些关于运动的问题,而这些问题很明显地引向了矛盾。这些问题被称为齐诺悖论。我们对其中两个进行讨论。

阿喀琉斯和乌龟悖论。阿喀琉斯脚力超众,而乌龟则爬行缓慢,两者进行了一场赛跑。我们假设阿喀琉斯奔跑的速度是乌龟爬行速度的10倍,但是乌龟起跑点在阿喀琉斯前面100米。阿喀琉斯能追上乌龟吗?常识告诉我们,阿喀琉斯肯定能追上乌龟,但是齐诺不这样认为:在阿喀琉斯奔跑100米到达乌龟的起跑位置这段时间里,乌龟已经向前爬行了 10 米。当阿喀琉斯再向前跑 10 米时,乌龟又向前爬了 1 米。当阿喀琉斯再向前跑了 1 米时,乌龟又向前爬行了 0.1 米,如此类推。每当阿喀琉斯到达乌龟之前所在位置时,乌龟都已经不在原地,而是向前爬行了一段距离。照这么推理的话,在赛跑中就不存在赶超这一说了。

飞矢不动悖论。一个汉子拉弓射出一支箭。这支箭会运动吗? 我们的常识再一次告诉我们,箭当然会动,尽管它不一定能射中目标。齐诺却认为箭不会动:在箭飞过所有距离射中目标前,箭必须先飞一半的距离。在箭飞到一半距离之前,箭必须先飞四分之一距离,四分之一距离前是八分之一,如此继续。这样推理下去,齐诺认为箭根本就不可能射出去。由此他推断,既然箭不会动,那么万物都不会动,所有的运动只是一个幻觉。

我们都知道齐诺的观点和我们在现实中观察到的现象相反,因此肯定是错误的。但你知道他的推理错在哪吗? 生活在齐诺同时代的人不知道。只有在牛顿和戈特弗里德·威廉·莱布尼茨(1646—1716)于 17 世纪分别发明微积分这一数学的分支之后,对齐诺悖论才有了有力的反驳。

微积分能够解决像齐诺悖论这样的涉及一系列无限运动的难题。齐诺将阿喀琉斯和乌龟的赛跑分解成无限个小部分,但并不是说这次赛跑需要花费无限长的时间,因为相互连接的每一部分距离越短,经过这段距离需要耗费的时间也就成比例减少。微积分让我们能够清楚地表明,就算整个距离被划分为无数段,只要每段距离都足够短(就像阿喀琉斯和乌龟的例子一样),我们就能在有限的时间内走完。阿喀琉斯仅需奔跑一段有限的距离便能赶上乌龟,所以他追上乌龟的时间也是有限的,就算有人规定要把距离划分为无数小段。飞矢不动悖论也可用同样方式解决。

事实上我们仅需用到微积分的部分力量便可以解决齐诺悖论。齐诺将阿喀琉斯奔跑的距离分割成无数小段,这就构成了我们所说的"几何级数"。对于这种有限级数的求和,我们有一个很简单的公式(在这里就不写出来了)。所以,阿喀琉斯只需奔跑一段有限的距离便可以追上乌龟。要是他跑得足够快的话,所花费的时间就会很短。

显然,微积分让人们树立起了信心——我们关于运动的常识里不存在悖论。但是等等!也许解决这一问题还有其他的方法。以前,人们认为物质是可以无限分割的。照此说法,一块金子可以无限分割下去而不改变其性质。然而,现在我们知道金子以及其他的物质都是由原子构成,而原子无法在不改变其性质的前提下进行分割。换一种说法就是,如果我们有办法不停地分割一块金子,到最后分割出来的东西便不再是金子。不过,这又与齐诺悖论有何关系?是这样的:也许空间本身也无法被无限分割,尽管我们目前还没任何证据证明这一点。如果真如上面所说,即空间无法进行无限分割的话,那么齐诺对赛跑距离进行无限分割的假设就是不成立的。通过这种方式,齐诺悖论也能得到解决,只不过解决方法所涉及的原理不符合我们今天绝大多数人的信仰。

4.2 亚里士多德的运动观

亚里士多德不仅对宇宙有其见解,对运动也有自己的看法。同样,这次又是伽利略证明了亚里士多德的运动观基本上是错误的。尽管亚里士多德很多的科学观点都没能经得住时间的考验,但旧观点往往会被新发现推翻,这是科学的本质所决定的。

在物理学中,亚里士多德之所以如此重要,很大程度上是他强调应对自然进行直接观察,且理论必须服从事实。很多更早的古希腊哲学家(以及后来世界各地的许多哲学家)都相信,对事物的了解可以从纯粹理性中获取,而亚里士多德对这种观点的背叛有着深远的意义。

今天,一大批科学家相信,只有将亚里士多德和他的反对者的观点相结合,才是科学的方法论。他们认为,尽管观察在科学中占有重要地位,但仅通过观察是无法发现自然规律的。这种观点认为,想象力也同样重要。就像光懂语法的人无法成为大作家一样,对"科学工具"的掌握,不管它意味着什么,也无法成就一个伟大的科学家。伟大科学家的炼成是一门艺术。让我们回到亚里士多德物理上来。亚里士多德相信地球上所有事物的自然状态是静止的。我们很容易理解他为何会得出这一结论。在地板上滚动一个球，球最终会停下来。在冰上向前滑动，你会慢慢地停下来。那么，亚里士多德是如何解释地球上运动的存在？亚里士多德认为，地球上的运动只是一个过渡状态。物体可以被置于运动状态，但如果之后没有外界干扰，物体迟早会到达静止状态。

亚里士多德还宣称，空中物体的基本运动状态是以一个恒定的速度坠落。雨点大概符合亚里士多德的理论。亚里士多德接着说，重物坠落快于轻物。例如，石头比羽毛坠落得快。亚里士多德一定注意到了这么一个现象——某些物体的坠落速度并不是恒定的，而是越来越快。之前，我们说过加速度的定义是速度的变化率。换句话说，加速度是速度变化的大小与所用时间的比值。用手抓起一个物体置于空中，然后放手让其掉落。该物体在某段时间内肯定有加速度，否则它便会停留在空中静止不动，而不是像我们观察到的一样掉落地面。亚里士多德肯定将一个正在掉落的物体的初始加速度视为一种过渡状态，就像他将地球上物体的运动视为过渡状态一样。亚里士多德认为，物体在触地之前迟早会停止加速，而以一个恒定的速度坠落。

尽管亚里士多德的许多观察是正确的，但他从对的观察中得出了错误的结论，或者更准确地说，他对运动的基本特性理解错误。举个简单的例子来说明亚里士多德错在哪。你向前奔跑，然后在一块铺满沙砾的地面上滑行。你再以同样的速度向前奔跑，然后在一块冰面上滑行。两次滑行最终都会停下来，但是在冰面上比在沙砾地上滑行的距离要远，为什么？亚里士多德显然没能重视这个问题。但如果要深究下去，而不是仅仅停留在知道地球上的物体会因某种原因静止下来的话，我们就必须面对一个问题——为什么物体在不同条件下达到静止所需要的时间长短不同。

我们在这里先提前了解一下伽利略所给出的答案，在下一节我们将更深入地探讨：人在沙砾地上滑行的时间比在冰面上短是因为沙砾地对运动的阻力大于冰面的阻力。一旦知道物体达到静止是因为其运动受到了阻力的作用,我们就能想到运动是持续的,除非受到相反的作用力,而这与亚里士多德的观点恰好相反。

再举个例子。让一个气球和一块石头在楼顶掉落。气球慢慢地下落,大多数时候速度都保持恒定,而石头却一直在加速,直到落地。为什么呢?同样,亚里士多德无法给出令人满意的解释。这次又是伽利略意识到,是空气的阻力导致了气球和石块的运动有如此大的差异。在下一节中我们将进一步探讨伽利略给出的答案。

4.3 伽利略的运动观

据称,伽利略曾在比萨斜塔上同时扔下一大一小两块石头,并发现在实验允许的误差范围内,两块石头同时落地。不管伽利略是否真的进行了这项实验,他对运动的看法都是深刻的、独创的,其中的一些观点我们至今仍深信不疑。

伽利略认为,物体坠落时速度不恒定,但加速度是恒定的。无论物体轻重,加速度这个恒量都是不变的。因此,如果一轻一重两块石头从相同高度的地方同时坠落,它们将在同一时间着地。但这个观点并不适用于所有物体,因为如我们所知,如果一块石头和一片羽毛从比萨斜塔上同时落下,石块会先着地。

伽利略对这一差异再清楚不过了,因为这也是他与亚里士多德观点相左之处。伽利略意识到是空气阻力使得羽毛和石头下落时加速度不同,因为空气阻力对羽毛的影响更大。空气甚至还能发挥更大的作用,让物体从地面升起,赋予鸟类飞翔的能力。我们一不小心便会让空气的存在阻碍我们正确地认识落体的基本运动形态。如果把空气排空,那么石头和羽毛便会同时落地,而鸟类也将无法飞翔。

在基础物理课程上,我们经常会以另一种方式做这个实验。将一片羽毛和一块石头放入一根长玻璃管,玻璃管的一头用塞子塞住,另一头是一个阀门。

将玻璃管竖立,石头和羽毛从玻璃管的一头落到另一头,而石头下落的速度比羽毛快。然后将玻璃管接上真空泵(一种从容器内排出气体——如空气——的工具),将里面的空气排尽。关闭阀门,再将玻璃管竖立。这时,石头和羽毛以同样的加速度下落,并同时到达玻璃管底部(观众起立鼓掌)。该实验如图 4.1 所示。

伽利略无法抽空比萨斜塔周围的空气,于是他便使用像大石块和小石块这样的物体进行实验,因为空气阻力并不会因为石块的大小而有太大差别。实验过后伽利略推断出,当空气不存在时所有物体都会以相同的加速度坠落。时间证明伽利略的推断是正确的,其误差在现代实验所允许的范围内。

图 4.1　在一个真空玻璃管内,石头和羽毛以相同的速度和加速度下落

伽利略对水平运动也有着深刻见解。与亚里士多德不同,伽利略意识到一个运动物体的"自然"趋势是以恒定速度(速率恒定而方向为直线)运动,只有外部影响(作用力)才能改变物体的速率和运动方向,即产生加速度。一个物体的惯性即该物体抵制加速度的趋势。伽利略对惯性定律进行了清楚的描述:

任何物体都有保持匀速直线运动或静止状态的趋势,直到外部作用迫使它做出改变。

一个人不管以多快的速度做水平运动,只要他速度保持恒定,他就不会感觉到运动带来的任何影响(假设空气随着他一起运动)。当我们和地球处于相对静止状态时,我们实际上在随着地球快速地运动。尽管地球在自转,但其自转一圈需要 24 小时。此外,地球相对于人来说体积十分庞大。因此,当我们随

着地球运动时,我们的运动轨迹大概呈直线状。运动轨迹的弧度对于我们来说太难以察觉,因此我们很难判断我们在跟着地球一起运动。

我们来举一个加速的例子。当你开车行驶在路上遇到红灯时,你知道在通常情况下放开油门是不足以制动的;你必须踩刹车。踩刹车的制动效果明显好于空气阻力和其他的常规阻力(摩擦力)。

关于踩刹车的例子可能会引起一些困惑。汽车的刹车怎么能看作外部作用呢?事实上,刹车确实是内部作用,它让汽车的轮胎转速减慢。而这一内部作用能否让汽车减速取决于外部作用。在通常情况下,踩刹车时汽车轮胎与路面的摩擦力会导致汽车减速。不过,如果汽车行驶在冰面上,摩擦力便会大打折扣,即便轮胎不旋转,它们也会沿着冰面滑行。一个极端的例子就是如果汽车从桥的一侧飞冲下去,就算踩刹车也无法改变车子在空中的整个轨迹。

当物体坠落时,引力是导致物体向下加速的作用力。但是引力这一作用力非常特别,因为当没有其他作用力影响时,引力给所有物体造成的加速度是相同的。伽利略知道这一点,却没有对其做出任何解释。在第6章中,我们将说到牛顿用他的万有引力定律和运动定律对其做出了解释,但他没有进一步讨论隐藏在引力定律后面的意义。在第10章中,我们会发现爱因斯坦对这一问题想得更加深入,而且还提出了一个与牛顿引力定律不同的理论。后续的实验证明爱因斯坦更加接近真理。

第 5 章

牛顿的运动定律

> 我不知道世人对我如何评价。但我这样认为：我就像是
> 在海岸上玩耍的孩童，时而拾到几块光滑的石子，时而拾到
> 几片漂亮的贝壳，并为之欣喜不已，而对于展现在我面前浩
> 瀚的真理海洋，我却全然不觉。
>
> ——艾萨克·牛顿(1642—1727)

5.1　第一定律

我们现在所说的牛顿运动第一定律实际上就是伽利略的惯性定律。这一定律是如此重要，以至于有必要再复述一遍：

任何物体都有保持匀速直线运动或静止状态的趋势，直到外力迫使它做出改变。

对第一定律的这一表述和上一章有所不同。之前用到的"外部作用"一词在这里变成了"外力"。我们在这里将作用力简化为一个推力或拉力。第一定律的基本内容就是运动有保持不变的趋势,即运动的速度保持恒定,或者说运动的加速度为零。要改变一个物体的运动速度和方向需对其施加一个作用力。当一个力施加在一个物体之上时,这个力的作用是有方向的。既然作用力既有大小又有方向,所以它是一个矢量。分析力对物体作用的物理学分支被称为"力学"。

改变物体的运动速度需要外力的作用,不仅如此,该物体还会对这种改变产生抵制。物体的这种抵制叫作惯性。对于一个滚动的球,你不需要使多大力气便能让其改变方向。但如果你用同样大的力气去推一辆行驶中的小汽车(不建议你这么做!),小汽车方向的改变微乎其微——你甚至看不出小汽车的运动发生了改变。产生如此差别的原因就是,小汽车的惯性比球大得多。物体的惯性显然与它内部所含物质的多少有关。

与力紧密相关的一个概念是"压力",即作用于物体某一特定区域上的力的大小与该区域面积的比值,用另一句话说,压力就是单位面积上所受到的力。

5.2　第二定律

惯性定律规定,只有受到外力的作用,物体的速度才会发生改变,即产生加速度。牛顿没有停留在这一定性的观点上,而是将其量化。牛顿第二定律规定:

物体加速度的大小跟物体所受外力成正比,跟物体的质量成反比。

物体的质量即物体所含"物质的数量"。质量是个标量,我们在此讨论的物体都是质量大于零的物体。在后面的章节中我们会讨论到质量等于零的物体。据我们目前所知,一个物体的质量不能为负值。由于一个物体的惯性是它对加速的抵制,所以这个物体的质量便是其惯性的数量测度。物体的质量越大,其惯性越大,在相同外力作用下的加速度就越小。

既然谈到了质量,那我再介绍一个相关概念——密度。密度的定义是单位体积的某种物质的质量。假如我们有两个铁块,其中一个铁块的体积是另一块的两倍,那么体积大的铁块的质量也是另一块的两倍,但两个铁块有相同的密度。另外,一块铁的密度要比一块石头的密度大,不管两者体积大小如何。木头能浮在水面上是因为它的密度比水要小,石头沉入水底是因为它的密度比水大。

现在我们来解释一下什么叫"成正比"。当我们说加速度与作用力成正比时,加速度与作用力的比值是一个常数。当我们说加速度和质量成反比时,加速度等于一个常数除以质量。当我们将作用于某个物体的力翻倍时,加速度也跟着翻倍;当我们将作用力乘以 3 时,加速度也变成原来的 3 倍;等等。如果我们将相同的力作用于两个不同物体,其中一个物体的质量为另一个的两倍,那么质量大的物体经历的加速度便是质量小的物体的二分之一。

我们可以将牛顿第二定律的两层意思相结合,并用公式表示出来。用 F 代表力,m 代表质量,a 代表加速度。牛顿第二定律说加速度等于作用力与质量的比值,即 $a=F/m$,或者 $F=ma$。这些公式中的力、质量和加速度的单位一致,因此比例常数也就保持统一。图 5.1 显示,加速度和力的方向是一致的。

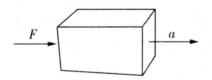

图 5.1　作用力 F 和加速度 a 具有相同方向

既然一个等式的两边是相等的,那么等式左边的单位应当和等式右边的单位相同。所以,作用力的单位就应该和质量的单位乘以加速度的单位相同。在米进制中,质量的基本单位是千克(kg),约等于 2.2 磅。米进制中加速度的单位是米每二次方秒(m/s^2)。所以,力的单位便是 $kg \cdot m/s^2$。$1kg \cdot m/s^2$ 又被称为 1 牛顿,简写为 N。在米进制中我们也常用到克(简写为 g)来代替千克作为质量的单位。1000 克等于 1 千克。我们还用厘米(简写为 cm)来代替米作为长度单位。100 厘米相当于 1 米。

牛顿第二定律也常常表述为:

作用于某物体的力等于该物体的质量与加速度的乘积。

需要注意的是，F 是作用于物体的净外力。净外力指的是作用于物体的所有外力的矢量和。当两个大小相等、方向相反的力同时作用于一个物体的同一个部位时，两个力的作用会相互抵消，净外力为 0。在这种情况下，物体不会产生加速。然而，作用于物体不同部位的两个力会导致这两个部分发生相对加速。例如，这样的两个力会让物体以越来越快的速度发生自转。坚硬物体有将其各部分聚合在一起的内部力量，但是如果外力太过强大，该物体便会被压碎或分解。

在先前的章节中我们谈到，一个人在砂砾地上滑行时会受到与运动方向相反的某种影响而最终停下来。现在我们知道，这种影响也是一种力，叫作摩擦力。当两个不光滑的表面发生相互滑动时便会产生摩擦力。因为物质是由原子构成，而原子的本质决定了物体的表面不可能完全光滑。我们将在第 11 章讨论这一问题。

对于牛顿第二定律，有一点需要注意一下。我们先前所表述的第二定律只是近似正确。20 世纪的相对论和量子力学理论表明，第二定律在特定场合下需要进行调整。当物体运动速度非常快时，爱因斯坦的相对论将取代牛顿第二定律。当力作用于微观物体，如原子时，量子力学将取代第二定律。

物理学家们常常把作用力称为"相互作用"。相互作用的概念比作用力更为广泛，因为相互作用不仅能使物体加速，更是能制造或毁灭（湮灭）粒子。制造和湮灭都发生在微观层面，而据我们所知，主管微观层面的是量子力学。

在后面的章节中我们将继续讨论相对论和量子力学。在通常情况下（在研究移动速度不是非常快的宏观物体时），牛顿第二定律非常接近自然的真相，我们实际上很难在实验中测出偏差。

牛顿第一定律（惯性定律）只是他的第二定律的一种特殊情况。如果作用力为 0，那么加速度肯定也是 0。如果加速度是 0，那么速度就会保持不变。因此，根据惯性定律，当没有净外力作用于物体时，物体的速度保持恒定。注意，当物体处于静止状态,其速度则是 0 这个特殊的常数。

现在我们来举例应用一下牛顿第二定律。如果你在一条水平的人行道上推一块大石头,然后放手,石头不久便会停下来。我们能根据石头的受力情况来分析石头的运动。刚开始时,石头在你的手上是静止的。为了让它移动起来,你用手对它施加一个作用力。你一放手,你所施加的力就消失了。如果没有其他的力起作用的话,石头便会沿直线以恒定速度继续往前运动。然而,石头开始减速(沿着速度的相反方向加速),并慢慢地停了下来。因此,当石头减速时,肯定还有另一个力作用在石头上,这个力便是人行道给予石头的摩擦力。人行道越光滑,摩擦力就越小,石头滚动的距离就越远。

第二个例子就是,当你在空中往下扔一个球,球会一直加速直到触地(如果球不加速的话,它会在你放手之后一直静止地悬浮在空中)。根据牛顿第二定律,球要获得加速度就必须有力的作用。在这个例子中,这个作用力就是重力。在后面我们将更深入地探讨重力的问题。

5.3　第三定律

牛顿第三定律表述为:

当一个物体向另一个物体施加一个力时,第二个物体同时也向第一个物体施加一个相等的反作用力。

在这一论述中,"相等"指的是大小相等,"反"指的是方向相反。需要注意的是第三定律所说的两个力作用于不同物体上。

第三定律是关于某一时刻两个作用力之间的关系。如果第一个物体施加给第二个物体的力随着时间发生了改变,那么第二个物体施加给第一个物体的力也随之改变。

举个例子。假设你手中提着个公文包,那么你便是在向公文包施加一个向上的力来平衡向下拉扯公文包的重力。但是,因为你的手在向公文包施加一个向上的力,所以公文包同样也在向你的手施加一个大小相同的向下的力。你的手并没有向下做加速运动,因为你的肌肉向你的手施加了一个向上的力来进行平衡,让手处于一个固定的高度。如果公文包很重的话,你的肌肉会因为它所施加的向上的力而感到疲惫。

还有一个例子就是,当你击发手枪时,由于手枪对子弹施加了一个向前的力,所以子弹同时也向手枪施加了一个大小相等的向后的力。这个向后的力使得手枪向后反冲。

第三个例子是,当喷气式飞机向燃烧燃油产生的热气施加一个向后的力时,热气也向飞机施加一个向前的力,推动飞机向前运动。当飞机在平稳飞行时,飞机没有向前加速,因为空气向飞机施加的向后的阻力抵消了热气向前的推力。在图 5.2 中,施加于热气上的作用力 F_g 与热气施加在飞机上的作用力 F_a 大小相等,方向相反。

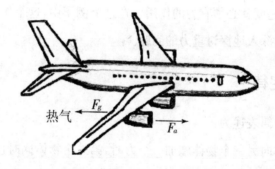

图 5.2　施加于热气上的作用力 F_g 与热气施加在飞机上的作用力 F_a 大小相等,方向相反

牛顿第三定律对于接触力而言是成立的。接触力指的是相互接触的两个物体间的作用力。然而,对于引力或电磁力而言,第三定律只是近似正确。当两个物体的相对运动速度极快时,爱因斯坦的相对论又给出了另一种解释。我们将在第 10 章进行讨论。

5.4　参考系

我们知道,牛顿第一定律(惯性定律)是准确无误的。不过,我们也知道牛顿第二和第三定律只是接近准确,尽管它们对于低速运动的物体来说非常适用。这里的"低速"是和速度极快的光速相比较而言。飞机飞行的速度较人的行走速度而言非常快,但较光速而言非常缓慢。通常,喷气式飞机飞行的速度约为 900 千米每小时,而光速约为 30 万千米每秒(18.6 万英里每秒)。牛顿第二、第三定律对于低速运动的物体来说是如此适用,以至于要是没有极其精密的仪器便发现不了任何偏差。

在这里,我们暂时岔开话题来介绍一下极大数和极小数的一种表示方法,因为我们在这本书里会经常碰到。光速(300,000km/s)也可表示为 $3×10^5$ km/s。10^5 表示 1 后面跟着 5 个 0,或者说 100,000。同样地,10^8 表示 1 的后面跟着 8 个 0,或 100,000,000(1 亿)。同样地,我们用 10 的负多少次方来表示极小数。如,10^{-4} 表示 1 与 10,000 的比值,或 0.0001。在讨论牛顿的各个定律时,我们必须看到其可靠性是有限制的,且这个限制与速度无关。现在我们把注意力放在惯性定律上。惯性定律是准确无误的,它与速度无关。但是,对于惯性定律来说有一个重要的限制,因为仅当所有的测量都是在同一个所谓的惯性参考系中做出时,惯性定律才站得住脚。

什么是参考系,而什么又是惯性参考系呢? 在对这两个概念进行定义前,我们先从一个例子来了解一下它们。在满是繁星的晚上出门,站在空地上遥望星辰。尽管星星的移动速度很快,但是它们看上去像是静止不动,因为和我们距离非常遥远。这也是它们被称为"恒星"的原因。但是,当你边看着星星,边转动自己的身体时,如果将自己视为静止的话,那么恒星便是在你的头顶转圈——这样,从你的角度来看,它们便不再是静止的。要是我在旁边静静地观察你和恒星,那么,以我的角度,恒星是静止的而你在转圈。谁又能规定我们两个的视角哪个"更好"呢?

我们在上面用到的"视角"就是"参考系"。有时,我们也将其简称为"系"。现代理论认为,你的参考系和我的参考系并无高下之分;这是爱因斯坦广义相对论的一条原则,在第 10 章中会谈到。

若测量者所处的参考系中恒星处于固定(静止)状态,牛顿第一定律(惯性定律)对于这个测量者就是成立的。于是,这样的一个参考系便被称为"惯性系"。同时,任何相对于静止的恒星而言运动速度保持恒定的参考系同样也是一个惯性系。然而,相对恒星系而言做加速运动的参考系则不是惯性系。当你转圈时,你的方向发生了改变,也就是说发生了加速,那么你就不是一个惯性系。

不过,对于一个在地面上静止不动的人而言,恒星看上去并非完全静止。因为地球每天会自转一圈,所以恒星在天上也以每天一圈的速度明显地转着圈。由于这种运动不是沿着一条直线,所以这种运动是加速运动。恒星显而易见的运动表明地球这个系并非严格意义上的惯性系,由此得出,在地面上静止不动的观察者并不是处于一个严格意义上的惯性系当中。然而,因为地球体积巨大,且一天才自转一圈,所以地球很接近一个惯性参考系的标准。事实上,对于许多测量而言,我们可以忽视地球在自转这一事实,在不加修改的情况下使用牛顿的运动定律。

然而,有些测量清楚地表明地球参考系处于自转当中,例如,假设在天花板上用绳子吊起一块秒表。当你推一下秒表,秒表便会来回摆动。在地板上用粉笔描出秒表摆动的方向。如果这时你离开房间,几个小时后回来你会发现,秒表摆动的方向与粉笔线的方向已经不平行,而是相互成一个夹角。让秒表摆动的方向发生改变的力被称为"假力"或"惯性力"。在一个惯性系(不随地球自转)中的观察者看来,这块表摆动的方向不会改变,只是表下面的地球发生了自转。

幸运的是,物理学家能够将地球自转这一因素计算在内,使得在以地球系作为惯性系的情况下计算更为精准。除非另有说明,我们一般情况下将地球参考系看作惯性系,所以在这种情况下,我们只能作估算,计算结果也就会出现误差。为了简化计算,物理学家经常会使用近似值,而这时他们通常很了解因使用近似值所产生的误差的大小和重要性。若误差无足轻重,那么取近似值便是可行的。

有时,尽管他们知道误差会很大,或者在他们不了解误差会有多大影响的情况下,物理学家也会进行估算。此时,要么是因为他们只需算出某个量的大概值,要么是因为他们本就无法确切地解决问题。后一种情况的哲学便是,一个不太准确的答案总比没有答案强(这种情况并不常见)。

测量中也会出现误差,所以即便是物理学家在测量某个量的时候,他得到的也只是一个近似值。当我们说某条理论的计算(预测)与测量结果"一致"时,我们是说它们之间的误差在测量和计算允许的范围之内。

某物的"静止参考系"就是某物在其中处于静止状态的参考系。观测者在做观察和测量时,他就是自己的静止参考系,不管他相对于其他参考系——如地球处于静止状态的参考系或是恒星处于固定状态的参考系——而言是运动还是静止。一个物体的静止参考系可能是、也可能不是一个惯性系,而是不是惯性系取决于从一个惯性系的角度来看该物体是如何运动的。

观察证明,若在某个参考系中恒星处于静止状态,那么这个参考系为惯性系,且相对该系以恒定速度做运动的参考系都是惯性系。因此,我们不能用惯性定律来判断我们是处于绝对静止,还是在以恒定速度做运动。从惯性定律的角度上来说,速度恒定的绝对运动是无法观察得到的,我们只能测量相对运动。不过,我们有办法测量宇宙的局部静止参考系。我们无法对宇宙的全球静止参考系进行测量,因为整个宇宙处于扩张状态。我们将在第 19 章讨论这一问题。

当你驾车以恒定速度行驶时,你不会感觉到有任何力作用在你身上。因此,要是你闭上眼睛,你就无法判断出你移动的速度,甚至无法判断你自己是否在运动(事实上,你还是能判断出自己在运动的,因为没有哪种车能以严格的恒定速度行驶。车子在运动过程中,一些小小的作用力会让车子发生震颤,而震颤便是一种加速运动)。当你睁开眼睛望向窗外,你会看见道路两旁的树在往后退去。因为你心里清楚树在地面上是处于静止状态的,所以你知道自己相对地面在移动,或者说地面相对你来说在移动。

我们接下来讨论加速参考系。加速参考系指的是相对于固定的恒星而言处于加速状态的参考系。自转参考系就是加速参考系中的一种特殊情况。

我们很容易就能发现,在加速参考系中惯性定律是不成立的。将一块光滑的石头放在平滑的地板上滑动,如果忽略两者产生的摩擦力,那么就没有力作用在石头上,所以根据惯性定律,石头会以恒定速度向前滑动。在你观察石头的时候,如果你自己做相对石头的加速运动,那么石头便相对你做反方向的加速运动。因此,从你的参考系进行测量时,尽管石头没有受到任何外力作用,它仍然在做加速运动。所以从一个加速参考系(非惯性系)进行测量时,惯性定律是不成立的。

从这个例子可以看出,在加速参考系中,不仅牛顿第一定律不成立,牛顿第二定律也是不成立的。毕竟第一定律是第二定律的特殊情况。不过,第三定律在加速参考系中是极其接近真相的,尤其对于接触力而言。

若要使牛顿第一、第二定律在加速参考系中成立,则需引进所谓的"假力"来对测量到的物体相对加速参考系的加速度进行说明。

下面来举一个在加速参考系中出现"假力"的例子。想象你在驾车高速行驶时向左转弯会发生什么(这实际上是一种改变方向的加速度)。答案是你会觉得有个力在把你向右边甩,如果你没系安全带的话,你就有可能滑向座位的右边。尽管那个把你往右边推的力感觉十分真实,在惯性系中的观察者看来,它只能算是"假力"。从惯性系中的观察者的角度来看,汽车向左拐是因为轮胎与地面的摩擦产生了一个向左的力。而且,在他看来,你是被车上固定着的安全带拉向左边的。这个观察者无法在你身上找到向右的作用力。当你说你感觉到有个向右的力时,他会说那个力只是个"假力",因为你并不是处在一个惯性参考系中。是惯性在抵制那个把你向左拉的力,所以感觉上就像是有个力在将你向右推。因此,有时候"假力"也被称作"惯性力"。无论是"假力"还是"惯性力",两个名称对于非惯性系中的人所感受到的那个额外的作用力来说都是不恰当的。"假力"不恰当,因为那个力感觉太真实了,和其他力一样。"惯性力"不合适,因为从惯性参考系来看并不存在这样一个力。然而,"假力"和"惯

44

性力"两个名称都被广泛使用,在本书中也如此。

综上所述,加速系的观察者需要将他们自己感觉很真实、但在惯性系的观察者看来并不存在的力考虑在内。

第 **6** 章

牛顿的引力理论

> 如果我比别人看得更远，那只是因为我站在巨人的肩
> 膀上。
>
> ——艾萨克·牛顿

6.1 苹果与月球

牛顿告诉我们，苹果落向地面和月球围绕地球旋转都是由于一个相同的力——引力。为了弄清楚为什么一个苹果的直线运动和月球的近似圆圈（实际上是个椭圆）的运动都来自同一个力的作用，我们得先仔细研究一下地球上的运动。

引力是导致物体落向地面的力。不过，物体并非每次都沿着直线下坠。像苹果一样从高处落向地面的物体确实会沿着直线掉落。不过，如果你往水平方向扔出一个球，那么球接下来的运动便是你最初给它的水平运动和引力导致的垂直运动的结合。球的实际运动轨迹是一条曲线，这条曲线近似于一条抛物线。图 6.1 表示一个球在沿着水平线抛出后的运动轨迹。

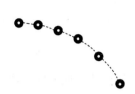

图 6.1　一个球被沿着水平线抛出后,它运动的轨迹是一条抛物线。
相邻两个球形之间的时间间隔相等

在下落的过程中,球在水平方向的速度会因空气阻力而慢慢降低,而在垂直方向的速度则会因为引力向下的作用而加快。最后的结果便是,球刚开始时水平抛出,但最后与水平方向的夹角越来越大,直到落地。

想象你在没有空气阻力的条件下沿着水平方向抛出一个球。球在水平方向的速度会保持不变,而在垂直方向的速度则会因为引力的作用不断增加,直到球落地。然后,想象你用一个更快的初速度抛出这个球。球当然会在飞行了更远的距离后才落地。那么,我们想象用一个极快的速度抛出这个球,以至于球不会落向地面(不考虑地表上像山一样的起伏地形)。球的运动轨迹会朝着地表弯曲,但地表本来就是弯曲的,所以一个运动速度足够快的球能与地表一直保持着一个固定的距离,尽管球一直在落向地面。这种情况就近似于月球的运动,除了月球是沿着椭圆形轨道,而不是圆形轨道绕地球运动。月球也在不断地落向地球,但月球水平方向的运动速度非常快,以至于它能够在地球表面之上绕着它自己的轨道运动。

牛顿猜测,两个点状物体之间的引力与它们质量的乘积成正比,与它们之间距离的平方成反比。引力是一种相互吸引的力。引力与质量乘积之间的比例称为"引力常数",用符号 G 表示。引力的大小用公式表示便是 $F = G_{m_1 m_2}/r^2$。m_1 和 m_2 为两个物体的质量,r 是它们之间的距离。

牛顿并非是第一个猜测平方反比定律的,但他表示该定律普遍适用,对于月球和苹果来说,常数 G 不变。为了证明这一点,牛顿不得不假设地球对苹果的引力都来源于地球的核心。后来,他又将地球视为一个球体,并将球体内部所有物质的引力相加,最终证明了上面的猜想。

牛顿并不知道地球或月球的质量,他也不知道引力常数 G 的值。然而,他在两个案例中都对 G 的值和地球的质量进行了假设,然后通过求两个力的比值(用一个力去除另一个力),G 和地球的质量便消除了,所以没必要知道两者的大小。

牛顿同样也不需要知道月球或者苹果的质量,因为他的运动第二定律表明一个物体的加速度与它的质量成反比。因为加速度等于作用力除以质量,而引力与质量又成正比,于是在加速度的表达式里物体质量便被消除了。

由上面得出的最终结论就是,月球加速度与苹果加速度的比值等于二者离地心距离的平方反比。为了求出这一比值,牛顿需要知道地球的半径以及地球到月球的距离,而他当时对这些数据已了然于胸。接着,他拿计算结果与月球和苹果的加速度的测量数据做对比,发现二者十分吻合。

物体因为引力产生的加速度与物体的质量无关,这就是伽利略发现大小不等的石块在下落时加速度相等的原因。

6.2 远距离作用

牛顿之所以发明微积分,部分在于他用引力公式和运动第二定律计算行星的运动时,微积分被证明是行之有效的工具。计算结果令人振奋:牛顿表明,开普勒的运动三大定律是万有引力定律的结果。

尽管牛顿已经功成名就,但他还是对引力的一个特性困惑不已:远距离作用。如果我们将引力和另一种类型的力,如推力,作一对比,我们就能理解牛顿的困惑了。当别人推你时,他的手会接触到你的身体,你能直接感受到作用在你身上的力。然而,引力似乎可以穿过广袤的太阳系——甚至更大的空间——起作用。而且,你无法像感受普通推力一样感受到引力。如果你从屋顶上跳下来,你在做自由落体运动的过程中是感觉不到有力作用在你身上的(空气阻力除外)。对你造成伤害的不是掉落的过程,而是当你触地时运动的瞬间停止。如果你在乘坐火箭飞船绕地球做轨道运动(自由落体),你不仅感觉不到自己在运动,你还处于失重状态。你能在飞船内部自由飘浮而感觉不到有任何力作用在你身上。很显然,重力有其特殊之处,但牛顿不明白其特殊之处在哪里。在第 10 章中,爱因斯坦改进了牛顿的引力理论,引力的神秘面纱也随之被揭开。

6.3　场

远距离作用问题的部分解决方法由迈克尔·法拉第给出。迈克尔·法拉第是一个英国物理学家,他联系电磁理论(见第 8 章)引进了场的概念。我们来举一个关于场的简单的例子——温度。某一个地方的温度是一个标量:只需一个数字便可对其进行明确。但是,为了更精确地表示温度,我们需要对空间中每个点上的温度进行明确,因为不同的点之间的温度存在差异。而且,温度会随着时间发生变化。若某个量在时空中的每个点都有对应的值,那么这种量就被称为"场"。温度场是个标量场,因为时空中任意一点的温度仅需一个数字便可表达清楚。

然而,世界上也存在矢量场,如既有方向又有大小的力场。为了对一个力场进行完整表述,我们需要对时空中的每个点用 3 个数字进行描述:一个数字用来形容大小,另外两个数字用来表明方向。现在我们来介绍引力场。在牛顿的引力理论中,我们可以想象在空间的任一点都存在一个矢量引力场,于是,在这一点上的一个测试质量所受到的引力就等于其质量与场的乘积。任何点上的引力场都来源于除了测试质量之外所有质量的综合影响。如果除了测试质量外仅存在一个别的质量,那么引力场便会遵循平方反比定律。

引力场的概念并不能真正解释远距离作用。然而,如果我们不将空间视为真正的空无一物,而是将其看成包含了一个实实在在的引力场的空间的话,我们在发现这个场中任何一个地方的质量都能感觉到作用在它身上的力时,我们便不会那么惊讶了。在爱因斯坦的引力理论(见第 10 章)中,引力场不再是一个矢量场,而是一个更加复杂的"张量场"。在像引力场一样的张量场中,时空中的每个点需要 3 个以上的数字来进行说明。通常情况下,牛顿的引力定律都十分接近真理,这时引力场的其他属性是可以忽略不计的。

第7章

能量和动量

社会科学的基本概念是权力，同样地，物理学的基本概念是能量。

——伯特兰·罗素(1872—1970)

7.1 功

"约翰学习物理很用功"。在这句话里，"功"这个词取其最普遍的意义。不过，物理学家口中的"功"有十分不同的特殊含义。在物理学中，作用力导致物体产生移动，我们称之为"做功"。

如果对一个物体施加一个力，使得该物体在某个方向发生了移动，那么，对该物体所做的功就等于物体在移动方向受到的分力与移动距离的乘积。

设移动距离为 s，在 s 方向上受到的分力为 F_s。于是，功 W 就可通过公式 $W=F_s s$ 求得。如果在物体移动过程中分力 F_s 发生了变化，那么距离 s 必须分解为若干小段，使得物体在每个小段距离的移动速度都不会有明显变化。物体在某段距离上的功的计算方法是将该段距离的长度乘以物体在经过该段距离时受到的分力的大小。总功可由各小段距离上所做的功相加而得。由于这一算法十分复杂,涉及微积分,所以我们只关注恒力所做的功。在图 7.1 中,一个大小为 F 的水平恒力推动一块木头移动了距离 s,这个力所做的功 $W=Fs$。

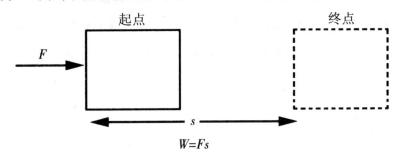

图 7.1　一个大小为 F 的水平恒力推动一块木头移动距离 s 所做的功

假设你手中一动不动地拿着一个球。你在向球施加一个向上的力来平衡球受到的向下的引力。不过,因为球没有运动,所以你并没有做功。现在,假设你拿着球从房间这头走到另一头,期间你很小心地不让球上下移动,而仅仅是发生水平移动。这时你还是没有做功,因为没有分力作用在球移动的方向上。但是如果你将球举起,那么你就是在做功,因为球的移动与你对它施加的力方向一致。

如果你推动一张桌子,你同样也在做功,因为力的方向与桌子移动的方向相同。假设你以恒定速度推动这张桌子,那么桌子所受合力为 0,因为桌子没有发生加速。合力为 0 的原因是你对桌子施加的力被相反方向的摩擦力抵消了。尽管如此,你仍然是在对桌子做功。

7.2　能量

在上一节中我们举了一个例子——通过在地板上推动桌子来做功。你能推动桌子是因为你身上有一种物理学家称为"能量"的属性。若你没有能量,你便无法做任何的功。所以,在某种意义上,能量就是做功的能力。不过,并不是说有能量就能做功,因为有许多因素限制了能量做功的能力。

能量有许多种形式,物理学家给它们的命名也多种多样。在此我们介绍几种能量(在本章的后面会对它们进行定义):动能、势能、热能、内能、化学能和光能。还有其他形式的能量,我们将在本书的后面进行讨论。尽管能量的形式多种多样,各种能量之间的特性也千差万别,但能量有两条统一的原则。第一条原则是能量守恒,我们将在下一节中进行讨论。第二条原则是质量、能量以及动量三者之间的关系。我们在本章后面的小节中将对动量进行讨论,并在第10章中探讨能量、动量和质量三者的关系。

7.3　能量守恒

能量守恒原则规定,尽管能量能从一种形式转化成另一种形式,能量的总量保持不变。换句话说,能量既不会被创造出来,也不会被消灭,而是处于"守恒"状态,即随着时间的流逝,能量的总量保持不变。

我们举几个例子来进行证明。

首先来说动能,即运动的能量。当你挥动一个锤子,你就赋予了锤子动能,让它能将钉子钉入木头。锤子对钉子施加了一个力,让钉子产生了移动,所以锤子对钉子做了功。在此过程中,锤子的移动速度减慢,动能丧失。锤子丧失的动能转化成了作用于钉子上的功。钉子遇上了一个摩擦阻力,摩擦阻力加热了钉子和木头。最终结果就是,锤子的动能转化成了热能,然后转化成钉子和木头的内能。

势能是位置或形变的能量。当你举起一个球,你就赋予了这个球势能,且势能的大小与球的高度成正比。当你拉抻一条橡胶带,橡胶带因为发生形变而获得势能。

当你举起一个球,然后将其放开,球会落下。下落的过程中,球的位置越低,它拥有的势能就越少,但球下落的速度会越来越快,动能就逐渐增加。如果我们将空气阻力忽略不计,那么我们会发现,球在下落过程中,其动能和势能之和始终保持不变。若我们把空气也考虑在内,那么球在下落的过程中会将空气推离其运动轨道,从而赋予空气微弱的动能。因为全部能量守恒,所以,实际上球的动能和势能之和会稍微减少。

在球触地的前一瞬间,它所有的势能全部转化成动能(忽略空气阻力)。球一触地,它马上停止了运动,动能全部丧失。地面给球的作用力使得球形变扁。球的形变使它自身拥有了一个势能以弥补球在触地时丧失的动能。球弹了起来,其因形变产生的势能再一次转化成了动能。球在上升的过程中动能逐渐减少,减少的动能转化成了势能中的位能。

球在弹起时的高度会比第一次掉落前低,因为球丧失了一部分能量。在丧失的这部分能量中,一小部分给了空气,更多的能量是给了地板。给空气的能量最初以动能的形式存在,但移动的空气会因为与周围静止的空气存在相互作用而变慢,最终也静止下来。空气中的能量没有凭空消失,而是在运动速度变慢的过程中以热能(通常也称为热量)的形式传播了出去。能量同样以热能的形式传递到地板。由于吸收了热能,空气和地板的温度都有所上升,所以空气和地板都具有了内能。球的温度也上升了,因为它的部分势能和动能转化成了内能。某物温度越高,其拥有的内能就越多。

物质中的化学能实际上来源于它的化学结构。例如,汽油具有化学能。汽油燃烧时,它的能量一部分以动能、另一部分以热能的形式释放出来。动能推动活塞,汽车便能开动。化学能是内能的一种。我们在后面的章节中讨论完原子和分子后会对化学能有更深刻的了解。光能,顾名思义,就是储存在光中的能量。我们在第 9 章和第 11 章中会谈到,光的能量取决于光的强度(亮度)和光的波长。

需要注意的是,在所有关于能量的例子中,我们并没有讲到能量本身。在讲动能时,我们看到的是运动。在讲势能时,我们看到的是位置和形变。能量的概念只存在于理论上,但事实证明,这一概念在物理学中作用极大。

7.4　动量

当一个物体移动时,它不仅具有动能,它还有动量。对于低速运动的物体,

其动量的定义如下:

一个物体的动量等于它的质量乘以它的速度。

由于速度是个矢量,所以动量也是矢量。我们通常用 P 来代表动量。动量的符号表达式为 $P=mv$。如果物体运动速度很快(相对光速而言),那么动量的定义就会有所改变,我们将在第 10 章中进行讨论。

动量的重要性来自牛顿的运动第二定律。第二定律有另一种表达形式:$F=\Delta p/\Delta t$,其中 Δ 代表"变量"。牛顿第二定律的这一表达式说明,作用于某物体的力等于物体动量的变量除以该动量发生改变的时长,或者换句话说,力等于动量的变化率。

事实证明,牛顿第二定律的这一形式比先前的形式($F=ma$)用处更为广泛,因为当物体质量发生变化时,这种新的形式依然成立。

开车时,我们需要燃烧燃油,产生废气通过排气管排出车外。因此,车子在开动时,其质量会减少,所以如果我们想运用牛顿第二定律来精确地计算汽车的运动,我们就必须将汽车在质量和速度上的变化加以考虑。这一质量上的变化来源于动量上的变化,而动量上的变化包括质量和速度上的变化。对于汽车来说,质量上的变化可以忽略不计,但对于火箭而言,燃烧掉的燃料的质量可能会比火箭剩余的质量都要大。在这种情况下,我们就必须使用牛顿第二定律的动量表达式才能精准地计算火箭的运动。

7.5 动量守恒

在上一节中我们讲到,牛顿第二定律规定作用在某物体上的力等于该物体动量的变化率。由此得出,当力为 0 时,动量不发生变化。

这就是动量守恒:除非有外力作用于某物体,否则该物体的动量是守恒的(不会随着时间发生变化)。

动量守恒定律是伽利略惯性定律的另一种表达方式。

假设有一颗炸弹被引爆,碎片向四面八方飞散。让炸弹发生爆炸的力为内力,而不是外力。假设炸弹在爆炸之前处于静止状态,即其动量等于 0。那么,如果我们不考虑引力的话(与爆炸的威力相比引力微不足道),那么爆炸刚刚发生时,所有炸弹碎片的动量总和也等于 0。炸弹的每一片碎片在其各自的方向上会有动量,但所有碎片的动量总和是 0。出现这种情况是因为动量和力一样是矢量,所以在把不同的动量相加时,我们不仅要将它们的大小相加,而且要将它们的方向相加(如果两个质量相等的物体以相同速度朝着相反方向运动,那么这两个物体的总动量为 0。当然,它们中的每个物体都有着不等于 0 的动量)。爆炸发生后,我们就必须将引力考虑在内。炸弹的碎片会落向地面,在这一过程中获得不等于 0 的动量。

7.6 角动量

地球每天围绕地轴自转一圈。所有自转的物体都具有角动量。同时,地球还每年绕太阳旋转一周。所有沿曲线运动的物体都具有角动量。因此,地球因为自转和绕太阳公转而获得角动量。对一个物体的角动量进行明确,我们就必须明确这个物体旋转的轴心。对于地球的自转而言,轴心是穿过南北两极和地心的一条直线。对于地球绕太阳的公转而言,轴心是穿过太阳且与黄道面(地球绕太阳旋转的轨道平面)垂直的一条直线。

角动量的意义在于,除非对一个物体施加一个脱离自转或公转轴心的力,否则该物体的角动量是守恒的。角动量守恒意味着角动量不会随着时间发生变化。近似地说,地球的角动量便是守恒的。这也就是每天都有相同的时间长度、每年的时间也一样长的原因。地球的角动量会发生极小的变化,这个变化来源于月球和太阳的引力所导致的潮汐力。如果将来自其他行星的力忽略不计的话,地球、太阳和月球之间的角动量总和则是守恒的。

第 ⑧ 章

电 与 磁

去学习，去完成，去出版。

——本杰明·富兰克林(1706—1790)

到目前为止，我们才集中讨论了一种基本的自然力——重力。在本章中，我们对电力和磁力进行探讨。电力和磁力是"电磁力"的两种不同表达方式。苏格兰物理学家克拉克·麦克斯韦(1813—1879)在研究电和磁时发现，光与电磁关系密切。实际上，光就是一种电磁波。由于从外太空传到地球的电磁波是我们获取宇宙信息的最主要方式，所以我们有必要对电、磁和光有所了解。

8.1 电

对电的研究并不是止步于本杰明·富兰克林。事实上，本杰明·富兰克林是研究电的先驱。他是最早将电荷划分为"正电荷"和"负电荷"的人之一。正负电荷的定义是主观的，因为他也可以将两者的名称进行对调。

富兰克林发现，在特定情况下空中电荷的移动会产生闪电。他还提出了电荷守恒的观点,即随着时间的流逝,所有电荷的代数和始终保持恒定。不过,一个正电荷可能会被一个大小相等的负电荷中和,从而,两个电荷在一起的时候会表现出无负荷(呈电中性)。实验表明,同样大小的正负电荷可同时产生或毁灭,但正电荷或负电荷无法单独产生或消亡。这一法则被称为电荷守恒。

根据我们对物理学的理解,万物之间皆相互吸引。电力不一样:相同电荷相斥,相异电荷相吸。在这里,"相同"和"相异"指的是电荷的正负。

和引力一样,两个点状电荷之间的电力与两者之间距离的平方成反比。电力同时也与两个电荷强度——称之为 Q_1 和 Q_2——的乘积成正比。如果我们将比例常数设为 k,那么电力的公式表达为 $F=kQ_1Q_2/r^2$。这个电力公式与牛顿引力公式非常相似,其中电荷 Q_1 与 Q_2 对应质量 m_1 和 m_2,常数 k 对应引力常数 G。因为 Q_1 和 Q_2 可为正也可为负,所以 Q_1 和 Q_2 的乘积也可能是正或者是负。若乘积为正,那么 F 就是斥力,若乘积为负,F 就是吸力。这是同性电荷相斥、异性电荷相吸的数学表达,只不过该表达超越了定性规范而定量地给出了力的大小和方向。这个关于两个电荷的作用力定律被称为库仑定律,以法国物理学家查尔斯·库仑的名字命名。不过,他并不是第一个提出该定律的人。

移动的电荷被称为"电流"。我们人为地将正电荷移动的方向定义为电流的方向。若负电荷发生移动,那么电流的方向便与负电荷运动的方向相反。通常,一条电流是由许多个移动的电荷产生的。闪电是两片云之间或云与大地之间的大规模电流引起的。

电流也能在金属线中进行传导,我们称这种金属为电"导体"。一些其他类型的材料通常无法通电,我们把这种材料称为"绝缘体"。性质介于导体和绝缘体之间的材料称为"半导体"。大多数导体都会对电流产生阻力,在这种情况下必须有能量才能促使电流继续流动。一种被称为"超导体"的导体是个例外。一旦开始流动,超导体中的电流便可以无损耗地流动,甚至不需要能量的输入。一些普通的材料在极低温度下会变成超导体,不过目前还没有发现在室温下具有超导能力的材料。上述的四种材料在现代科技中都有重要的应用,但这并不是本书讨论的重点。

如果一个电荷在空间中某个点受到了一个力的作用,那么我们说这个力的产生是因为在空间的这个点上存在一个"电场"。两个带有正负电荷的粒子可在其他位置上产生一个电场。电流的产生就是因为有个电场作用于一群一旦受到力的作用便能自由移动的电荷。电场是个矢量场,因为在时空中任意一点,它都具有大小和方向。电场的方向即电场内一个正电荷所受作用力的方向。由于同性电荷相斥、异性电荷相吸,电场的方向便是远离正电荷而指向负电荷。如果在一条金属导线中存在一个电场,那么导线中流动的主要是负电荷,从而产生电流。因为移动的电荷为负,所以电荷移动的方向和电场或电流的方向相反。在一些液体和气体中,正负电荷都发生移动。在第 11 章中我们将对正负电荷的性质进行讨论。

8.2　磁

古希腊人发现,有些石块会对铁产生一种叫作"磁力"的吸引力。中国人发现这一点的时间或许更早。磁石中包含了铁或其他的磁性金属,如镍和钴。铁和其他金属所具有的相互吸引或排斥的特性被称为"磁性"。事实证明,一块铁可以被磁化。如果被磁化的铁块是又长又细的长方体,我们便称之为磁棒。当你拿起两块这样的磁棒,让它们的两端相互靠近,那么这两条磁棒要么相互吸引,要么相互排斥。若它们相互吸引,将其中一块反转朝向,还是靠近另一块磁棒的那一端,那么两块磁棒就会相互排斥。因此,我们知道一块磁石在其两端往两个不同方向施加磁力,这两端被称为"北极"和"南极"。两端的南、北两极划分是人为的,但是为了避免混淆,这一划分适用于所有人。如果在空间中某点,一块磁石受到一个力的作用,那么我们说在这个点上存在一个"磁场"。磁场是一个矢量场,它在磁石外部的方向为从北极指向南极。

迈克尔·法拉第强调了磁场的存在。磁场无法用肉眼看见,但磁场的效果可用下面的方法观察到:我们在一张纸上放两块磁棒。磁棒两端相对,但彼此

分离。然后,我们在两个磁棒中间撒上铁屑(细小的铁片),我们就会发现铁屑
按磁场的方向排列着,如图8.1所示。这些线条有时被称为场线,有时也被称
作力线。

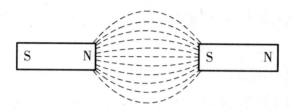

图8.1 在两个磁棒中间撒上铁屑,铁屑会按磁场的方向排列

地球拥有一个铁质内核,所以地球本身就是一块巨大的磁铁。因此,地球
拥有两个磁极和一个磁场。地球两个磁极中的一个恰巧与地球的真实北
极——或地理北极——相隔不远,而另一个磁极则靠近地理南极。地球的地理
两极是地球自转轴与地球表面的相交点。磁罗盘中有一根能够自由旋转的铁
针,能根据地球磁场的方向进行指示。

地球的磁场是弧形的。迈克尔·法拉第想象地球磁场的场线从地理南极
附近的磁极发出,最后流入地理北极附近的磁极。使用罗盘时,指针指向北半
球磁极的一端被定义为指针的北极。由于异性磁极相吸,所以靠近地理北极的
磁极为磁南极,许多人对此感到困惑。

电荷无论正负都可以被分离。换句话说,一个电荷不管是正还是负都可以
被人为地与一个正电荷分离开来。若电荷为负,那么在将其与一个正电荷分离
时需要能量的介入。然而,我们无法将一块磁石的南北两极分离开来。将一块
磁棒切割成两块,我们将获得两块磁棒,每块都有各自的南北极。磁石无论分
割多少次,结果都是一样。不过,我们无法将一块磁石无限分割,因为物质具有
原子结构,我们在第11章中将讨论到。就算到最后分离出最小的磁石,这块磁
石也仍具有南北两极。

因此,电荷与磁之间具有深刻的差异:据我们所知,带电粒子可独立存在,而
单磁极则不存在。汉斯·克里斯琴·奥斯特(1777—1851)是第一个发现电流会

产生磁的人。现在,大家认为所有的磁都是由电流产生的。

一个有电流通过的线圈会在线圈平面的两侧产生南北两极。所有的材料中都有循环电流,因为在材料中,带电粒子一直处于移动(旋转)状态。然而,通常情况下大多数材料中的小电流都是沿着各个任意方向旋转,因此电流和磁性都被抵消了。由于这个原因,我们观察不到净电流和净电磁。不过,在某些材料,如铁、镍和钴中,电流可以朝一个相同的方向循环,因此产生宏观层面上的磁。由于电流处于循环状态,所以在磁性材料的任何单一方向上通常不存在净电流。在讨论原子的章节中,我们将更深入地探讨物质的结构。

运动中的带电粒子会产生磁场;同时,若带电粒子在一个磁场中运动,该粒子会感受到力的作用。这一作用力十分复杂,取决于粒子的运动方向。如果带电粒子沿着匀强磁场的场线运动(平行或反平行),那么不会有力作用于该粒子。若该粒子的运动方向与匀强磁场垂直,那么该粒子会在力的作用下做匀速圆周运动。在其他方向上,粒子的运动轨迹是圆和直线的结合,叫作螺旋体。若带电粒子在非匀强磁场内运动,那么这种运动更为复杂,该粒子不仅发生螺旋运动,而且可能会加速或减速。

8.3 电磁

许多物理学家通过做实验来研究电与磁二者之间的联系,其中最著名的物理学家是迈克尔·法拉第。他发现,不仅移动的电荷会产生磁场,而且移动的磁场会产生电场。美国物理学家约瑟夫·亨利在稍早时候独立地发现了这一效应。移动的磁石产生的电场会对带电粒子发生作用,从而产生电流。这一现象强化了电与磁之间的联系,暗示着电和磁实际上是一种叫作电磁力的基本力的两个方面。

从对电与磁的研究中诞生了两种重要的实用设备:发电机和电动机。磁石在一个线圈附近运动时,会在电线中产生电流,发电机便是对这一现象的运用。当然,需要一种能量来推动磁石或线圈运动,这种能量可以是蒸汽、水能或其他的能量。因此,发电机实际上是一种将动能转化为电能的设备。

电动机则是对电流产生磁场,而磁场又能促使磁石运动这一现象的运用。这一运动是电动机的基本原理,所以电动机实际上是将电能转化成动能的装置。在本书中,我们将不会深入研究发电机或电动机的工程细节。

詹姆斯·克拉克·麦克斯韦很清楚电与磁之间是息息相关的。他后来写下了用数学方法描述电与磁之间关系的方程,这些方程便是电磁方程组。根据麦克斯韦方程组,空间中存在着这样一些区域,在这些区域不存在物质,但仍存在着某种东西。这种东西就是电磁场。电磁场可容纳静止的电场和磁场,也能容纳运动中的电磁波。运动中的电磁波只不过是在波运动的垂直方向上相互垂直振荡的电场和磁场。该方程组预言,电磁波在真空中的运动速度为光速。从这一点,我们得出光不过是电磁波的一种。我们将在第 9 章中对光的某些方面进行探讨。

第**9**章

波的运动

> 我们所谈论的波并不仅仅是天马行空的奇特想法,这种
> 想法必须与我们目前所知道的物理定律相一致。
>
> ——理查德·费曼(1918—1988)

了解波的运动对于理解原子物理的微观世界以及整个宇宙来说都是至关重要的。在本章中,我们将对声音和光的波动进行探讨。

9.1 声波

当一个人对另一个人说话时,说话者引起空气的振动,振动在空气中以波的形式传到听者的耳朵里。振动的空气使得听者耳朵的某个部位发生振动,这些振动信号被传送至大脑,大脑再将这些振动破解为声音。振动的"频率",即每秒钟振动的次数(或圈数),决定了声音的音调高度:频率越高,听者接收到的声音的音调越高。耳朵仅对特定范围内的频率敏感。

频率通常用每秒钟周期性变动的次数进行计量。频率的单位是赫兹,取自最早发现电磁波的德国物理学家海因里希·赫兹。通常,人耳能识别的频率范围是从 16 赫兹到 16000 赫兹,在此范围之外的振动我们是听不到的。有一些动物能够听到其他的频率。如,大象能听到比 16 赫兹更低的频率,而犬类能识别的频率则比人类高。狗能听到高于人类识别范围的呼哨声,并做出相应的反应。

尽管声波可以从说话者传送到听者,空气它本身并不会在二者之间流动。空气的分子只是沿着波的方向来回振动。振动的分子带动其他的分子振动,于是波便能传送出去。由于声音是沿着波运动的方向来回振动,所以声波被称为一种“纵波”。

一个波相邻两个峰值之间的距离称为“波长”,通常用符号 λ 表示。图 9.1 为一条振动弦的波长。

我们可以将某一个波的频率定义为在一秒内通过某一点的波长数。这一定义与之前的定义实际上是一样的。波的“周期”是波的频率的倒数(某数的倒数等于 1 除以这个数)。周期即经过一个波长所用的时间。

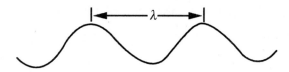

图 9.1　一条振动弦(或其他的波)的波长是相邻两个波峰之间的距离

声音有若干条特征。首先,声音在介质中以某种速度传播,声音的传播速度是这种介质的一种特性。当两个人在说话时,这个介质通常是空气,但声音也能在其他介质中传播,例如水或金属。在不同介质中,声音的传播速度不同。空气的密度和温度甚至也会影响到声音的传播速度,所以高海拔地区声音的传播速度和海平面有差别。声音的传播依赖于介质;真空中无法传播声音。在标准气温和气压条件下,声音在海平面的传播速度 $v = 344\text{m/s}$。

波运动的速度 v 和频率 F 之间存在一种关系,即频率乘以波长等于速度,符号表示就是 $F\lambda = v$。波长越短,频率越高,反之亦然,因为在同一种介质中速度保持一定。

当一个小型的声源使得空气发生振动,这一振动的传播不仅限于一个方向,而是从声源向四面八方传播。同时,声音能绕过物体,到达物体的后方。这一现象我们称之为衍射。

9.2　声音的多普勒效应

当声源在向听者接近时,声音的频率变高,听者大脑所感受到的音调也就变高。频率变高的原因是在每一次连续的振动中,声源离听者的距离都越来越近,所以每一次振动到达听者的时间会变短。换句话说,每秒钟到达听者耳中的振动增多了。当听者朝着声源移动时,频率也会增高。频率增高,波长就会变短。相反地,若声源和听者之间的距离越来越远,那么听者接收到的频率就会降低,音高也会降低,而波长变长。由于声源或听者的运动而导致听者接收到的声频发生变化,这一现象被称为"多普勒效应",名字取自奥地利物理学家和数学家克里斯琴·多普勒(1803－1853)。

当有一台救护车向你驶来时,你便能立刻在警报声中感受到多普勒效应。救护车驶近时,警报的音调会比平常要高,而救护车一旦从你身边开过去,你就会很明显地听到音调突然降低。警报的音调同救护车与你的距离无关,与救护车行驶的速度相关。

当然,救护车距离你越近,警报的声音越大,即声音的强度增加。因为声音从其源头开始四散传播,所以它传播的距离越远,声音的强度越低。

9.3　光波

在第8章中我们讲到电与磁是一种力——电磁力——的两个方面。电力产生于带电粒子之间,不管其处于静止状态还是运动状态。而要产生磁力,带电粒子必须处于运动状态。我们相信,力的产生不是因为远距离作用,而是由于被电力和磁力影响的粒子之间存在着电场和磁场。

当电荷不仅是在移动,而且处于加速状态,如来回振动时,电荷就会产生振动的电场和磁场。这些电场和磁场以电磁波的形式在空间中传播,我们通常称之为光波。之前我们提到过,麦克斯韦方程组预言了这种波的存在。

在本章中我们将光仅看成是一种波,但在后面的章节中我们会发现,光还拥有粒子的相关特性。我们通常称为波的东西有着粒子的特性,而我们通常称为粒子的东西同样也有着波的特征,这一现象被包含在量子力学的理论当中。

光波与声波之间存在着诸多差异。我们知道,声波要通过介质来传播,这个介质可以是空气、水、油或其他的东西。在很长一段时间内,人们同样地相信光的传播也需要介质。这个介质被称为"以太"。为了找到以太,科学家们花了许多年,却毫无进展。爱因斯坦大胆地提出,世界上根本不存在以太,光的传播可在虚空,即真空中进行。

声波与光波的另一个重要的差异在于,声波属于纵波,而光波则属于"横波"。横波的振动与它的运动方向垂直。

太阳发射的电磁波具有各种各样的频率及其对应的波长。我们眼中的太阳是白色的,但白光实际上是许多种波长的混合体。通过一个三棱镜,这些不同的波长就能铺散开来,因为三棱镜能将波长不同的光以不同的角度进行弯曲。波长不同,光在我们眼中便会呈现出(大脑所理解的)不同色彩。这些色彩对应着彩虹的颜色,从红色(我们所能察觉到的波长最长、频率最低的光的颜色)一直到紫色(我们能观察到的波长最短、频率最高的光的颜色)。图 9.2 中,三棱镜将白光分解成不同颜色的光。

太阳所发射的光中有比红光波长更长的光,我们称之为红外线,但我们的眼睛无法对这种光做出反应。同样,太阳光中还有波长比紫光更短的光,我们称之为紫外线,我们的眼睛也识别不了。太阳(或其他物体)所发射波长的范围和强度即"光谱"。

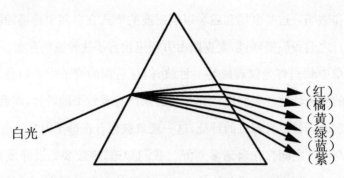

白光

（红）
（橘）
（黄）
（绿）
（蓝）
（紫）

图 9.2　白光在三棱镜中折射后，分解成彩虹的颜色

电磁辐射的频率（或波长）范围极广。波长比红外线更长的电磁波被称为微波和无线电波，而波长比紫外线更长的电磁波则被称为 X 光和伽马射线。尽管我们看不见"可见光谱"之外的电磁辐射，但我们仍能借助各种感官或探测器来感知它们。例如，我们的皮肤会对红外线和紫外线产生反应。红外线照射在皮肤上，我们会感觉到热，而紫外线会使我们的皮肤晒黑。我们通常将所有波长的电磁辐射都称为"光"，包括我们肉眼无法看见的那些。

我们知道光是一种波的原因是，麦克斯韦方程组预测了一种会在电荷加速运动时发生辐射的电磁波的存在。但我们同样也通过实验来了解到光是一种波。将一束光分成两束，再使其重合，最后照射在一块屏幕上，你会发现，屏幕上光的亮度并不是两束光亮度的简单相加。在某些地方，光的亮度比两束光亮度之和要高，而在其他地方光的亮度则比两束光亮度之和要低。这是个典型的波的现象，我们称之为"干涉"。若屏幕上光的亮度高于两束光的亮度之和，我们称这种现象为"相长干涉"，而当亮度变低时，我们称之为"相消干涉"。若两束光亮度相同，在某些地方就会出现完全相消干涉，这些地方的亮度为 0。光的干涉效应表明光具有波的特征。

9.4　光的多普勒效应

任何波的移动都会产生多普勒效应，包括光在内。若一个光源在朝我们运动，那么它的频率会增高而波长会变短。我们把这一现象称为"蓝移"，因为在这种情况下光会朝着光谱的蓝色末端移动。若光本来就是蓝色,那么光便会移向紫光,甚至紫外线,不过我们还是将这一移动称为蓝移。另一方面,若光源在离我们远去,那么光的波长会变长,我们将这种现象称为光的"红移"。有了蓝移和红移,只要我们知道光本身的波长(或频率),我们就能辨别发光体是在朝向我们运动还是在远离我们运动。我们也能判断出物体移动的速度,因为光源移动速度越快,波长的变化越大。计算光的多普勒效应的公式与声音的不太一样,因为光运动的速度为相对论速度——事实上,是终极相对论速度。不过,因为我们反正不会给出二者的公式,所以光与声音的这一差异对我们而言就无关紧要。

光的多普勒效应是我们研究恒星和星系运动的重要工具。甚至连我们自己所在星系,即银河系中的恒星距离我们都太远,以至于我们无法在短期内察觉到它们位置的变化。我们所看到的它们位置的变化大多是由地球自转引起的,其次便是因为地球绕太阳公转以及太阳在银河系中的运动。

但是,我们能通过遥远的恒星或其他发光体,如星系所发出的光的光谱来获知它们的运动情况。若一颗恒星或一个星系在朝向我们运动,那么我们所接收到的光便会朝向较短的波长移动,或者简单地说,我们会觉察到蓝移。若物体远离我们运动,那么光便会朝向较长的波长运动,我们便会观察到红移。我们将在第 19 章中探讨多普勒效应在宇宙学中的应用。

第 **10** 章

相 对 论

上帝很精明,但他并没有心怀恶意。

——阿尔伯特·爱因斯坦(1879—1955)

自此以后,独立的空间或独立的时间注定要沦为幻影,
只有二者的结合才能构成独立的现实。

——赫尔曼·闵可夫斯基(1864—1909)

10.1　牛顿理论的局限性

　　牛顿运动定律和引力定律形成于 17 世纪。直到在 20 世纪被其他理论取代之前,牛顿的理论都被认为无懈可击的。并不是说牛顿的理论最后被证明是错误的,而是说它的适用范围比最初认为的要小。要研究快速移动的物体,我们必须使用爱因斯坦于 1905 年提出的狭义相对论,而对于质量极大的物体,爱因斯坦于 1915 年提出的广义相对论又是必然选择。在微观层面上,我们又必须依靠量子力学。在本章中,我们只讨论当物体快速运动、或物体具有极大的

质量时应对研究作的修改。

牛顿理论基于一种与我们的直觉相一致的时空观,但在研究自然规律时,直觉往往是不可靠的。根据牛顿的理论,空间是三维的,也是平的。说空间是平的,意思是在这个空间中平行线永不相交,且三角形的内角之和为 180°。而且,根据牛顿的理论,对同一物体大小进行测量的所有观察者会得出相同的结果。同样,牛顿的时间观认为时间对所有人而言都是一样的。对于所有观察者而言,两个事件之间的时间长度是相等的(在允许的钟表误差之内)。

牛顿时空观的错误之处在于他没有将一个事实考虑在内:真空(虚空)中的光速是速度的极限,任何物体都无法超越这一速度。实验对此也进行了验证。真空中的光速通常用字母 c 表示,它的值约等于 300000 千米每秒(km/s)(约 186,000 英里每秒)。真空光速是自然界几个基本常数之一。

光的运动速度极其快,以至于我们很容易忽视当速度接近光速时产生的效应。为了便于我们感受光速有多快,在此我们介绍几个以光在特定时间内运动距离为标准的距离单位。例如光秒指的是光在一秒内运动的距离,它比地球赤道的 7 倍还要长。地球到月球的距离稍长于一光秒。地球到太阳的距离就要远得多——大概 8 光秒。在我们肉眼看来,太阳和月球大小差不多,因为月球离地球的距离比太阳离地球近得多。天文学中有时会用到光年这个距离单位,即光在一年时间穿过的距离。离地球最近的恒星距离地球约 4 光年。天文学中用得更多的一个单位是"秒差距",相当于 3.26 光年,但我们在这里还是用光年这个单位。有许多恒星与太阳大小差不多,有些甚至更大,它们看上去却像空中的光点,这是因为它们距离地球实在太遥远。

10.2 全新的运动定律

正如我们之前所说,当物体的运动速度可以用光速进行衡量时,牛顿定律的大厦便轰然倾塌,而爱因斯坦的狭义相对论便派上了用场。狭义相对论建立在两个假定之上:

　　无论在何种惯性参照系中观察,光在真空中的传播速率对于所有观察者而言都是一个相同的常数。

　　一切物理规律在所有惯性参考系中具有相同的形式。

　　(惯性参考系的定义详见第5章)

　　第一个假定让人匪夷所思,因为它和低速运动物体的情况完全相反。例如,假设有一条船顺流而下。船在水中的运动速率是v,而水流的速率为v_r。那么,对于岸上的观察者而言,船的运动速率v_0肯定大于船相对水流的速率。事实上,船相对河岸的速率等于两个速率之和:$v_0 = v + v_r$。若小船顺流而上,那么船相对岸上观察者的速率等于速率v和v_r之差。这一关系就是非相对论速度定律,它与牛顿的运动定律相兼容。

　　牛顿定律被称作"非相对论的",因为它与爱因斯坦的狭义相对论不兼容。非相对论一词有些误导,因为牛顿定律中也包含了某种相对论意义,因为以恒定速度进行的绝对运动是无法测量的,只有相对某参照物的运动才能被测量。牛顿定律中的相对论意义有时又被称为"伽利略相对论",用以区分"爱因斯坦相对论"(伽利略第一个提出恒定速度的绝对运动无法测量,只有相对其他物体的运动能被测量这一观点)。但我们在此仍沿用物理学家们的习惯,将与伽利略相对论兼容、但与爱因斯坦狭义相对论不兼容的定律称为非相对论定律。

　　现在我们再回到小船。若小船上有一个女孩,她手中拿着一只手电筒往船行驶的方向或反方向照射,那么从手电筒里面发射出的光在女孩或者岸上的观察者看来,其速率都为相同的常数c。根据狭义相对论,没有任何信号能比真空中的光速快(空气中的光速比真空中的光速仅慢了一点,我们在此忽略这一差值)。

　　如果光速仅在一个参考系中为常数c,那么这个参考系必须与其他参考系区分开来,因为这不符合所有参考系中自然规律一致的观点。

　　所以当其中一个速度为c时,非相对论速度合成定理便作废了。非相对论速度合成定理的倒塌不是瞬间发生的,而是因为所涉及的两个速度中某一个变快,因此非相对论速度合成定理产生的偏离就会变大。新的速度合成定理比非相对论速度合成定理要复杂得多,我们在此便不再赘述。

我们习惯于观察比光速慢得多的物体。光速是如此之快,以至于如果不借助精密仪器进行仔细测量,我们便无法发现光速这个常数与光源或观察者的运动无关(只要观察者处在惯性系中)。由于这个原因,当涉及光和快速移动物体的属性时,我们的直觉便不再起作用了。

然而,非相对论速度合成定理的失效仅仅是狭义相对论所引发的深刻变革之一。牛顿理论中的时空构造都有了翻天覆地的变化。

时间不再对所有人一视同仁了。时间由钟表测量,而并不是所有钟表都跑得一样快。并不是说钟表出了问题,而是因为以不同速率在空间中运动的钟表所显示的时间会有所差别。钟表运动速率越快,它的时间走得越慢。光速是速度的极限,任何有质量的物体的运动都不可能比光快。如果一个时钟以光速运动,那么它的时间看上去就像是静止一样。所以,狭义相对论认为,时钟以光速运动时,它上面的时间会停止(狭义相对论还认为,时钟的运动速度不可能达到光速。本章的后面会对此进行讨论)。

所以,宇宙中不仅仅有一个时间,而是有许许多多的时间,计时的钟表也快慢不一。钟表运动速度越快,它的时间走得越慢。图 10.1 显示,一个运动中的时钟跑得较慢。该图只展示了一种可能性。若时钟向右运动的速度比图中的速度 v 快,那么时钟显示的时间会早于 12:25,而如果时钟运动速度比 v 慢,那么它的读数会晚于 12:25。

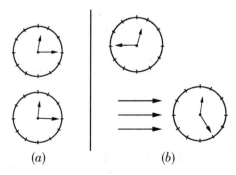

(a) (b)

图 10.1　若两个时钟在一起时读数相同(如 a 所示,12:15),如果其中一个时钟以

足够快的速度运动,而另一个保持静止,那么运动的时钟会出现一小段"丢失"的时间(如 b 所示,静止的时钟读数为 12:45,而运动的时钟读数仅为 12:25)

狭义相对论的另一结论是,当一个物体在运动时,这个物体在运动方向的长度会变短。随着物体运动速度越来越快,长度的缩短便越发明显,当速度达到光速时,它的长度缩减为 0。图 10.2 显示,运动的物体会在运动的方向上发生收缩。

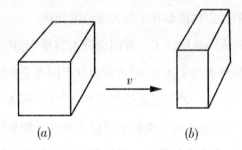

(a) (b)

图 10.2　运动的物体会在运动的方向上发生收缩。a 中的物体处于静
止状态,而 b 显示同样的物体向右快速运动时的状态。需要注意的是,
在与运动方向相垂直的方向上,物体不会发生收缩

我们之前说过,离太阳最近的恒星距离太阳约为 4 光年。这就意味着从太阳(或地球)射出的一束光要经过约 4 年才能到达最近的恒星。然而,如果有人能乘坐太空飞船以接近光速的速度从地球飞向该恒星,那么,据他的时钟显示,他到达恒星所用的时间要远远短于 4 年。这怎么可能呢? 该旅行者会发现,到达恒星的距离缩短了,所以所花的时间变少了。对于一个地球上的观察者而言,旅行者看上去花了 4 年多一点的时间才到恒星,但观察者会发现旅行者的时钟变慢了,所以观察者会意识到,根据旅行者的时钟,旅行者所用时间比 4 年短。在太空旅行者看来,他的时钟是正常的,但是地球到该恒星的距离缩短了,而在地球上的观察者看来,距离没变但旅行者的时钟变慢了。

那么,旅行者和观察者到底谁对谁错? 答案是,他们在各自的观察中都是正确的。出现上面这种分歧的原因是,他们两人是在不同的参考系中做测量。

根据牛顿力学,两个不同的观察者在测量空间中两个不同事件之间的距离时,通常会得到相同的结果。然而,狭义相对论的公式将空间与时间结合在一起。这就意味着,如果一个观察者发现不同地方的两个事件同时发生,那么处于另一个参考系中的另一个观察者会发现两个事件发生的时间并不相同。在此我们需要明确一下"距离"的概念。两个事件之间的距离并非三维空间中的距离,而是四维时空中的距离。根据其定义,四维距离对于不同惯性系中的所有观察者而言都是相同的(还记得吗?时间在乘以光速之后便可转化为距离)。尽管空间和时间的相对理论是爱因斯坦所发明,却是赫尔曼·闵可夫斯基(1864—1909)——一个在德国和瑞士完成其大部分研究的俄国人——首次发展出一种将空间和时间同等对待的相对理论。闵可夫斯基的狭义相对论构想让爱因斯坦的广义相对论受益匪浅。

狭义相对论的另一个成果是质量与能量之间的等同。爱因斯坦著名的质能转化公式为 $E=mc^2$,其中 m 为物体在静止时的质量,c 是光速,而 E 是物体的能量。此外,若物体被置于运动状态,那么它的惯性会增加。有一些物理学家认为,质量随着运动速率的增加而增加,因为质量便是惯性的量化衡量。不过,将一个物体的质量定义为它在静止时的质量,而惯性则与能量成正比更为合适。

高速运动物体的动量不再等于它的质量乘以速度,而是更大。相关的计算公式包括质量、速度以及光速这些量,我们在此就不列出了。如果一个物体在运动,那么它的能量取决于它的动量以及质量。这个一般公式有点复杂,在此不便给出。对于静止的物体,其质量和能量之间的关系用公式表达便是 $E=mc^2$。若物体没有质量,那么它不可能处于静止状态,而是会处于光速运动。在这一极限条件下,该物体的能量与其动能 p 成正比,而它们之间的比例常数为光速。对于没有质量的物体而言,其一般公式为 $E=pc$。若物体的质量大于 0,那么它无法处于光速运动状态,因为狭义相对论认为,将该物体加速到光速需要无限大的能量。

麦克斯韦的电磁理论预测,对于所有的惯性参考系,光在真空中以相同的恒定速率传播。所以有人猜想，不像牛顿的运动方程组，麦克斯韦方程组与狭义相对论应该是兼容的。计算结果证明这一猜想是正确的。

10.3　双胞胎悖论

运动中的钟表走时会变慢，这一预测已被实验充分地证明。有力的证据来源于亚原子物理领域，但我们暂且先不讨论，而是将其留到原子和基本粒子的探讨结束之后。我们在这里先说一下由极精确时钟提供的证据。有三台处于静止状态的极精确时钟，它们显示的时间在实验允许的误差范围内保持一致。然后，让其中一台继续保持静止，另两台搬上飞机，然后往不同方向绕地球飞行。

地球的自转方向是自西向东，我们从太阳每天的东升西落中就可以看出来。如果其中一架飞机自西向东飞行，那么它飞行的方向便与地球自转方向相同，飞行的速度则比地球自转速度要快。由此得出，飞机上的时钟比地表上相对地球静止的时钟走时慢。因此，在飞行结束后，若将两台时钟进行对比，你会发现飞机上的时钟显示的时间比留在地球上的时钟要稍晚。另一方面，自东向西飞行的飞机比地球自转速率要慢，所以这架飞机上的时钟显示的时间比静止不动的时钟要稍早。

实验证实了这些预测。这些时钟的时间差不到一秒，因为飞机飞行的速度（大约 900 千米每小时）相对于光速而言非常小。

根据狭义相对论，只有相对论速度才会引起时间上的不同。那么，为何在乘飞机以相同速率（相对在地球上处于静止状态的时钟）飞行时，两台时钟会显示出时间差？答案是因为地球在自转，所以地球上的观察者并非处在严格意义上的惯性系中，而只有在惯性系中狭义相对论的预测才是有效的。

另一干扰则来源于地球引力。尽管对于大多数用途而言，地球引力并不会产生明显干扰，因此牛顿的引力定律就足以解决问题。然而一旦涉及精确测量，牛顿的引力定律就不起作用了，必须使用一个更好的引力理论——爱因斯坦的广义相对论。根据广义相对论,时钟受到引力的影响。由于飞机上的时钟和地面上的时钟所处高度不同,它们受到的引力就不一样,所以时钟走时的速度也就不同。在考虑到地球并非严格意义上的惯性系,并对时钟所受引力的影响进行矫正后,实验结果便与狭义相对论预测相一致——在太空中运动的时钟走时会变慢。

我们现在回到"双胞胎悖论",因为它说明了从惯性系做测量的重要性。双胞胎悖论并非一个真正的悖论,它只是对于那些不理解狭义相对论的局限性——除非从一个惯性系进行测量,否则狭义相对论不一定能给出正确答案——的人而言看起来像是一个悖论。双胞胎悖论是这样的:

地球上有两个年纪为 10 岁的双胞胎男孩。其中一个男孩乘坐太空飞船以接近光速的速度离开地球(事实上,太空飞船是无法达到这一速度的,不过这只是个虚拟实验)。留在地球上的男孩发现,太空飞船上的时钟变慢了。变慢的不仅是时钟,还有太空飞船上男孩的心跳以及衰老过程。但是,太空飞船上的男孩发现地球男孩的时钟也变慢了。经过一段时间后,太空飞船上的男孩返回到地球。两个男孩都觉得自己会比对方老,但他们俩怎么可能都比对方老呢?到底错在哪里?

为了简化这一问题,我们先忽略地球并非处于严格意义上的惯性系之中这一事实。这一差别很小。由于留在地球上的男孩在其双胞胎兄弟进行太空旅行的整个过程中处在一个惯性系内,所以他的观察是符合狭义相对论的预测的。因此,他认为自己的兄弟返回地球后,他会比兄弟的年纪大是正确的。但是,乘坐太空飞船的男孩要想返回地球,就不能停留在一个惯性系内。为了返航,太空飞船必须转变方向。飞船转向时,它其实就是在加速(我们之前说过,方向的改变也是一种加速)。当一个人处于加速系中时,他是不能做出运动的时钟会变慢这一结论的。真实的情况应该是,在太空飞船中的男孩会发现,当他转向时,地球上的男孩会加速衰老。飞船转向结束、朝向地球飞行时,地球上的男孩看上去会比飞船中的男孩衰老得慢,但这一效果无法抵消飞船在加速时地球上男孩的迅速衰老。所以当飞船回到地面、双胞胎兄弟相见时,两人都会发现留在地球上的男孩成长得更快。要是飞船速度足够快且航行时间足够长,那么可能会出现这种情况——地球上的那个男孩已经变成了白发苍苍的老人,而坐飞船航行的男孩依旧只有大概 10 岁。

10.4　光速是速度的极限

狭义相对论认为,任何具有质量的物体都无法加速到真空中光的传播速度,因为将其加速到光速需要无限大的能量。那么,在两个观察者之间传递的信号有没有可能快于光速呢? 狭义相对论的两个假定并没有直接给出这个问题的答案。不过,我们能利用因果律来回答这个问题。

根据狭义相对论,两个不同地点发生的两个事件如果在某一惯性系中看来是同时发生的,那么在相对这个惯性系而言处于移动状态的另一惯性系中,两个事件就不是同时发生。假设有个人发射一个信号给不同地方的另一个人,而处于不同惯性系中的两个观察者同时看见信号从第一个人身上发出,那么,两个观察者观察到信号到达第二个人身上的时间会不同。不过,如果信号传播速度等于或低于光速,那么两个观察者有一点是可以认同的:信号先是从第一个人身上发出,然后再到达第二个人。这一时间顺序就是我们所说的因果律。没有哪个观察者会觉得第二个人收到信号是在第一个人发出信号之前,或者换句话说,没人会说信号是由第二个人发出,由第一个人接收。

然而,根据狭义相对论方程,如果信号传播速度比光速快,那么对于某个惯性系中的观察者而言就违背了因果律,信号的传播方向就反过来了。违背因果律会产生一些看上去很愚蠢的结论,或者说会导致自相矛盾。例如,某人可以穿越到过去,在自己出生之前杀死自己的母亲。

因此我们得出,狭义相对论和因果律共同规定,没有任何信号的传播速度可以比真空中的光速快。

10.5 等效原理

狭义相对论之所以被称为"狭义",是它仅适用于从惯性系做出的观察。爱因斯坦将该理论进行了拓展,将从加速系做出的观察也包含在内。他将这一更为广泛的理论称为广义相对论。广义相对论是与牛顿理论完全不同的引力理论,尽管在牛顿理论所适用的领域,广义相对论和牛顿理论没有区别。

广义相对论的主要支柱之一便是"等效原理"。爱因斯坦对于这样一个现象十分感兴趣——地表上空所有物体坠落时的加速度相同(忽略空气阻力)。这一现象首先由伽利略提出。由此爱因斯坦想到另一种情况——引力不存在,但存在与引力效果相同的某种事实。想象你在一个远离任何引力的封闭电梯内,电梯以恒定的加速度向上加速。假如你手中拿着一大一小两块石头,然后你把手放开。石头不会落下(因为没有引力),不过电梯的地板会向上加速,从而与石头相碰。在电梯中的你看来,好像石头是因为引力而落下,而且两块石头也会同时砸中电梯的地板。爱因斯坦将这一想法转变成了一个原则:等效原理,即观测者无法在局部的区域将无引力作用时加速系中的惯性与惯性系中的引力区分开来。

这一描述便是"等效原理"。由这一原理可以得出,任何物体无论轻重,一旦受到引力作用便会以相同的加速度坠落。

10.6 引力是扭曲的时空

广义相对论将等效原理作为其内在支柱,但广义相对论又远非只有等效原理。在广义相对论中,物质的存在会扰乱时空的结构。受到引力作用的物体,其运动轨迹会发生弯曲,因为空间和时间被产生引力的物质扭曲了。

例如,有个物体被限制在一个球形的表面上运动。这个物体的运动轨迹只能是弯曲的,因为球体的表面是曲面。空间因物质的存在而发生扭曲,因此在这个空间中的物体被限制在曲线轨迹之上。时空中任何一点的曲率是一定的,所以任何物体无论大小轻重,若它们在相同时间从同一个地点以相同的速度开始运动,那么它们的运动轨迹也会保持一致。靠近一个质量极大的物体时,空间的曲度就像是一个无底洞,所有的物体都会以相同的加速度掉入这个洞中。这就是爱因斯坦对大小不一的石块从高楼掉下会有相同的加速度和轨道的解释。由于这一运动是"自然的",所以我们在自由落体时感受不到任何力的作用。就像我们之前所讲,当有人从楼顶跳下时,并不是掉落的过程很危险,危险的是着地时瞬间的停止。

另外需要说明的是,当一个物体非常大时,并不是它所有部分都处于一个相同的地方,它的不同部分所处的空间可能会有不同的曲率。这样的话会存在一种叫作潮汐力的拉力试图将该物体撕裂。

潮汐力不仅出现在爱因斯坦的相对论中,牛顿的引力理论对其也有所探讨,因为对于一个很大的物体而言,它身上各个部位所受到的引力不一定完全相等。例如地球海洋的潮起潮落。当月球处于海洋上空的某一位置时,海洋这一部分的加速度会比其他部分大,它就会朝着月球的方向鼓起。如果鼓起的这一部分靠近海岸,我们就会观察到满潮(太阳对潮水也有影响,但影响小于月球,因为随着距离的增加,潮汐力减少的速度比将这个力平方反比还要明显,这是通过数学计算证明了的)。牛顿的引力理论对海洋潮汐的解释与广义相对论同样准确,因为潮汐力还没有大到足够让两种理论所做出的预测产生分歧。然而,在潮汐作用大得多的情况下,例如当一小块空间上有着大得多的曲率变化时,两种理论就会推断出不同结果。在靠近一个密度极大的恒星,如中子星时,两种理论会给出不同的预测(我们将在第 18 章中进行讨论)。

引力作用和加速的电梯产生的作用是有差别的,但在足够小的区域,这种差别无法辨别。例如在地球上,引力指向地球的核心,所以在地球的不同部位,引力的方向是完全不同的。但两个物体如果离得足够近,那么它们受到的引力与电梯加速时受到的影响便无法区分。这就是我们说在"局部区域",引力和与其影响相同的加速度无法区分的原因。

引力不仅能扭曲空间,而且能使时钟变慢。引力越强,时钟变慢的程度越大。时钟的静止系中的观察者不会注意到时钟变慢,因为观察者的身体和感觉也同样变慢了。时钟变慢是从一个远离重引力区的外部观察者的角度观察到的事实。

基于广义相对论,爱因斯坦自己做出了两个预测。第一个预测是,水星的轨道不是一个正椭圆形,而是一个近似椭圆形,它离太阳最近的距离(其轨道的近日点离太阳的距离)在每次公转中都不一样。我们将这一变化称为进动。进动的部分原因是来自其他行星的摄动,但应该还有一个小的摄动来源于广义相对论本身。这一预测为当时水星轨道上无法得到解释的进动提供了合理的说法。其他行星的轨道应该也会在椭圆的基础上有所偏离,但这一效果对于水星而言最为明显,因为水星距离太阳最近。在第 2 章中,我们对包括水星在内的行星作了详细的介绍。

第二个预测为,从一颗恒星发出的光在经过太阳周边而到达地球时会被太阳的引力弯曲。通常而言,我们无法用肉眼识别太阳后面的恒星,因为太阳自身发射的光太过强烈。然而,在日食过程中,太阳附近的恒星发出的光可被观察到,而这些光线弯曲的程度使恒星的位置看上去和夜晚观察时不一样。图 10.3 为日食过程中观察到的光线弯曲现象。

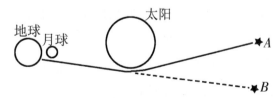

图 10.3　由于太阳的引力作用,A 位置的恒星所发出的光发生了弯曲,使得该恒星的位置看上去在 B 点。在本图中,地球、月球、太阳以及恒星不是按比例绘制,光线弯曲的程度也有所夸大

10.7 黑洞

广义相对论允许在一个质量极大的物体附近引力变得极大,大到包括光在内的一切都无法从该区域逃脱。这一区域便是"黑洞"。爱因斯坦解释说,黑洞附近的时空发生了严重扭曲,以至于在黑洞周围的某一特定区域内,所有物质和光都会被黑洞吸进去。

举个简单但不是完全贴切的例子来解释引力是如何变得如此之强,以至于任何东西都无法逃脱。刚开始,我们在地球表面垂直向上抛出一个球。如果你抛球的速度很慢,球不久后就会掉落。如果你抛球速度变快,球在落下前达到的高度就会增加。如果你向上发射火箭,火箭速度够快的话,它会向上达到很高的高度然后再停止升高、返回地球。存在着这样一个速度,如果你以这一速度或更快的速度发射火箭,那么火箭便会挣脱地球引力飞向太空,我们把这一速度称为"逃逸速率"或"逃逸速度"。地球表面的逃逸速度约为 40000 千米每小时。如果地球质量更大,那么地球的引力便会更强,逃逸速度就会越高。现在,我们想象有个这样的天体,其质量是如此之大,以至于其逃逸速度超过了光速。于是,任何物体,甚至包括光在内,都无法从这个天体上逃脱。上面这一推论使得黑洞的存在看上去很合理。不过,正确的推论必须用到广义相对论。

正常的黑洞周围被一个球形的外壳包裹着,我们称之为"视界"。这一外壳并非实在的物体,而是虚空。视界的范围取决于黑洞的质量——质量越大,外壳所包含的区域越广。穿过视界的任何物体都无法逃脱,只能向黑洞里坠落。如果你穿越了一个黑洞的视界,你不会发现有任何特别的地方(如果潮汐力足够小的话),但你永远也无法从反方向再次越过视界。根据广义相对论,黑洞的质量会在其核心坍缩成一点,但在这种极限条件下,广义相对论或许已经不再适用,尤其是因为在这个时候,量子效应(之后将会讨论到)会变得举足轻重。

有十足的证据表明在我们的宇宙中存在着黑洞,但我们将在讨论完量子力学、基本粒子和恒星之后再对黑洞存在的证据进行探讨。

原　　子

> 传统来说,我们的世界上有苦有甜、有冷有热,然后还有
> 颜色。事实上,我们的世界只有原子和虚无。
>
> ——德谟克利特(公元前 460—前 357)
>
> 万物皆由原子构成。
>
> ——理查德·费曼(1918—1988)

在现代的自然观念里,构成物质的最小部分的自然规律与整个宇宙的进化发展息息相关。与早期的原子观不同,我们现在所称的原子并不是最小的粒子,原子也是由更小的东西构成。同样,原子也能被分解为更小的单位。

11.1　早期的原子观

古希腊的哲学家们对物理世界的诸多事物进行过猜测。他们经常会对自然的运行规律进行假想,但在亚里士多德之前,鲜有哲学家试图去证明他们的假想。因此,普通物体是由不可再分割的小东西(原子)构成这一观点和物质能够被无限分割的观点同时存在着。

有个早期的古希腊人设想了原子的存在,这个人就是阿那克萨戈拉(公元前500—前428)。德谟克利特(公元前460—前357)发展了阿那克萨戈拉的思想,并指出物质是由存在于其他虚空中的形色各异的不可见原子构成。我们可以看出,德谟克利特并没有试图证明原子存在与否。很显然,原子对他的吸引仅停留在哲学层面上。

其他的希腊哲学家则对物质可无限分割这一观点很感兴趣,亚里士多德就在此列。尽管亚里士多德强调观察,但他没有把自己的理论严格建立在观察的基础上,而且,有时他尽管确实对自然做出了观察,但他并没有从观察中得出正确的结论。亚里士多德是位伟大的哲学家,但他的科学观点仍有许多改进的余地。

在科学研究当中,亚里士多德不是很幸运,因为许多理论在当时无法通过观察来验证。亚里士多德肯定发现自己可以将物质切分得越来越小。他万万没有想到,在他观察不到的微小尺度上,物质无法在不改变属性的前提下继续分割下去。

11.2 原子存在的证据

实际上,人们在200多年前就有了间接证据证明物质是由原子构成的。其中一条证据是,特定的物质可从某种看上去类似的物质中分解出来,就像这种相似的物质中包含着这种特定物质的微小颗粒一样。

另一条证据来自气体的运动现象。封闭容器中的气体会对容器的内壁施加一个压力(在第5章中,我们将压力定义为单位面积上受力的大小)。气体温度上升或容器内气体增加时,这一压力也随之加大,这就好像气体是由在容器中随机运动的粒子构成一样。在任意时间内,会有一部分粒子撞到容器内壁,从而施加一个作用力,产生压力。若气体的量增加,在单位时间内撞击内壁的粒子就会增加,压力也随之加大。若气体温度升高,气体的粒子活动就会加快,压力也会加大。粒子运动速度越快,它们所拥有的动能就越大。气体的各个粒子所拥有的动能并不是完全相等,但我们可以用这些粒子的平均动能。温度与平均动能成正比。

我们之前讨论过两种不同的温度计量方法,即华氏温标和摄氏温标。在华氏温标中,水在 32 度结冰,在 212 度沸腾。在摄氏温标中,水的冰点是 0 度,而沸点是 100 度。摄氏温标为除了美国之外的世界上各个国家通用。在科学实验中还经常用到另一种计量方式,即"绝对温度"或开尔文温标,名称取自开尔文男爵。开尔文男爵原名威廉·汤姆逊,是一个出生于爱尔兰的英国物理学家。有一个科学定律,即在压力一定时,封闭气体的体积与温度成正比,而这个温度指的就是开尔文温标下的温度。同样,我们在之前的段落中讲到温度与平均动能成正比,这个温度也是开尔文温标下的温度,缩写为 K。温度的最低点为 0 K,不过根据自然定律,温度只能是非常接近 0 K,而不能完全达到 0 K。(在开尔文温标中通常省略"°"的符号。)在开尔文温标中,水的冰点为 273 度,沸点为 373 度。注意,在开尔文温标和摄氏温标中,水的冰点与沸点之间都有 100 度的温度差。因此,在这两种计量手段中,1 度的温度差是相等的,两种温标的差别仅在于一个恒定值为 273 度的尺度顺移(0 K 就相当于−273℃)。

人们发现,许多我们称为"化合物"的物质由更简单的物质,即"元素"组成。元素以特定的比例组成化合物。化合物的最小单位是分子,而元素的最小单位为原子。例如,水就是一种化合物,由两种元素——氢和氧——按照特定比例组合而成。在重量上,氧和氢的比例是 8 比 1。人们后来又发现,水存在着最小单位,即单个的水分子。一个水分子由两个氢原子和一个氧原子构成。水中氧的重量是氢的 8 倍,因为一个氧原子的重量是一个氢原子的 16 倍。分子中各种原子的数量是确定的,但氧原子与氢原子 16 比 1 的重量比并不确切,具体原因我们将在第 15 章中谈到。

目前我们已知的元素已多达 100 多种,其中一些元素不稳定,在地球内存在的方式非同一般——它们在经历一种叫作"放射"的过程后衰变成其他元素。我们将在本章的后面对放射进行讨论。大多数已知的不稳定元素都是人为制造的,在第 15 章中有详细介绍。重量最轻的稳定元素是氢。自然生成的具有相当数量的元素中,重量最重的元素是铀。铀元素不稳定,但衰变速度非常慢,以至于现在仍存留着地球形成时期出现的铀。

炼金术指的是古代人们寻求物质的朴素原型的一种方式。炼金术的基本目标之一是将所谓的基本元素,如铅转化成金。艾萨克·牛顿是史上最伟大的物理学家之一,不过他也将自己生命中的好几年投入了炼金术中。古代、中世纪以及牛顿时代的炼金术不可能成功,因为这种实验是化学实验。我们现在知道(见第 15 章)化学元素的性质取决于原子中的原子核,所以任何元素的转化都必须涉及原子物理。但是,直到 20 世纪初人们才了解到原子核的存在。

分子存在的有力证明来自于对布朗运动的解释。布朗运动指的是空气或液体中细小的尘埃颗粒的随机运动。1905 年,爱因斯坦推测,如果尘埃颗粒受到分子的随机撞击,那么这些颗粒就会呈现出人们观察到的运动状态。这一运动的出现是因为尘埃颗粒非常小,以至于在某一时刻撞击到它各个面上的分子数量各不相同。之后,撞击到颗粒各个面上的分子数量又会发生改变,颗粒运动的方向也随之变化。许多之前因为(利用当时的显微镜)观察不到原子而抵制原子概念的科学家最后接受了爱因斯坦对布朗运动的解释。现在,我们拥有特殊的显微镜,能够让我们观察到单个的原子。

一个分子可能由两个或两个以上不同种类的原子构成,也可能包含多个相同种类的原子。例如,我们大气中两种基本气体为氮气和氧气。气态氮的每个分子都由两个氮原子构成,它们之间通过电力束缚在一起。气态氧也是如此。大气中另一种比较稀少的气体是二氧化碳,其分子由一个碳原子加两个氧原子构成。另一方面,一个氦气的分子仅包含一个氦原子。原子之间通过电力束缚在一起,形成分子。

11.3　原子的构成

在上一节,我们说到分子是由两个或两个以上的原子通过电力束缚在一起而形成(单原子分子除外)。但原子是呈电中性的,那么为什么原子之间会存在电力？答案就是，尽管原子整体上是中性的，但原子由更小的带电粒子构成。如果相对于它们的大小而言，两个原子之间的距离很远，那么两个原子都会呈现出电中性，因为正负电荷的作用相互抵消了。然而，如果原子之间距离足够近，那么每个原子都会感觉到来自对方带电部分的电力，因为正负电荷并不会刚好处于同一个位置。

后来人们发现，在特定情况下原子可能会带有纯正电荷或纯负电荷。这种原子被称为正"离子"或负"离子"。离子的发现表明，原子并非最小的粒子，因为原子中带电荷的部分可以被添加，也可以被去除。

这些带电荷部分的性质是什么？在 19 世纪的最后几年，英国物理学家 J·J·汤姆逊爵士(1856－1940)和他的同事们通过实验发现带负电荷的部分是十分微小的粒子，这些粒子的电荷与质量之比都相同。该实验中用到了一根两头是金属的试管。将一部分空气排出试管。将两端施以电压，带电粒子便会从带负电的一端，即"阴极"中发射出来，到达带正电的一端，即"阳极"。带电粒子在撞击试管中剩余的空气分子时会释放出电磁辐射(光)，使得粒子的运动轨迹显现出来。

汤姆逊在实验中展示，试管中的粒子被一块磁石改变了方向，由此证明这些粒子被充上了电。偏离的方向表明这些电荷为负。通过测量出由已知磁石的磁场所造成的偏离的大小，并测量出消除这个偏离所需横向电场的强度，汤姆逊能求出电荷 e 与粒子质量 m 的比值。汤姆逊发现对于所有粒子而言，它们的 e/m 比值相同，就好像所有的粒子都相同一样。该粒子被称为电子，由汤姆逊于 1897 年发现。电子是第一种目前仍被认为基本粒子的粒子，也是唯一一种在 19 世纪被发现的粒子。

在电子被发现后，有人提议将阳离子定义为被剥夺了一个或多个电子的原子，而阴离子则是获取了一个或多个外来电子的原子。我们现在仍沿用这一定义。

11.4　原子核

汤姆逊提出了一种原子模型，有时我们称之为"葡萄干蛋糕"模型。根据这一模型,正电荷均匀地分布于原子球体(蛋糕)内,而由电子(葡萄干)组成的负电荷散布于带正电的蛋糕中。这一模型流行的时间不长,最后在 1906 年到 1909 年的实验中被欧内斯特·卢瑟福(1871-1937)和他的助手盖革以及马斯顿推翻。卢瑟福出生在新西兰,但其大部分的重要成果是在英格兰完成的。

那时候,人们在几年前就已知道有些物质具有"放射性",即有些物质会放射出各种各样的射线。放射性活动中三种常见的射线为 α、β 以及 γ(阿尔法、贝塔和伽马),它们分别带正电、负电和呈电中性。之后我们会说到,带负电的射线是电子,而带正电的射线是双带电粒子。之后我们将讲到,呈电中性的射线具有十分强烈的电磁辐射。

卢瑟福的助手让一种放射性物质发出的 α 粒子轰击一片金箔,然后借助金箔的原子来观察 α 粒子的分布。结果出人意料。根据汤姆逊模型,金原子上的正电荷散布在四周,各自距离太远而无法对 α 粒子产生强劲的斥力。所以,他们当时预测 α 粒子的分布应该只有很小的偏转角度。然而,在实验中,有些 α 粒子的分布出现大角散射,就好像它们临近一个集中于某处的电荷一样,且集中的地方相对整个原子而言非常小。

于是,卢瑟福提出一种与汤姆逊模型截然不同的原子模型来对这种分布进行解释。根据卢瑟福模型,几乎所有的原子质量都集中于一个小小的带正电的原子核上,而电子就像行星绕太阳旋转一样围绕原子核旋转。当然,相对太阳系而言,原子极其微小。我们现在知道原子的半径比十亿分之一米还要短得多(实际上大约 10^{-10} 米),而原子核的半径足足是原子的半径的十万分之一倍。在卢瑟福的原子核模型中,原子结构大部分是空的。图 11.1 为卢瑟福原子模型的简图。

我们现在所用的原子图虽然和卢瑟福模型有所不同,但十分相似,只是电子离原子核的距离相对来说变远了。现在我们知道像 α、β 和 γ 之类的射线便是来自某些原子的原子核。

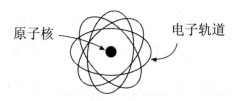

图 11.1　卢瑟福原子模型。该图不按比例绘制，因为如果电子的轨道

如图中所示大小的话，原子核就应该小到看不见

　　起初，物理学家们都不接受卢瑟福模型，因为如果电子绕原子核旋转的话，那么电子就是在做加速运动（我们前面说过改变方向也是一种加速）。而根据麦克斯韦的理论，加速运动的带电粒子会释放电磁辐射。辐射承载着能量，所以加速运动的粒子会不断丧失能量，最后螺旋坠落在原子核上。然而，电子并没有发生这种情况。这一死胡同的出路直到 1913 年才被丹麦物理学家尼尔斯·玻尔（1885－1962）发现，在本章最后一节中我们将详细讨论。

　　当然，原子的种类有许多，包括氢原子、氦原子、碳原子和氧原子等等。这些原子之所以不同是它们的原子核有着不同的电荷值。后来，人们发现原子核通常是由质子和中子这两种粒子构成。一个质子携带一个与电子的负电荷大小相等的正电荷。中子则呈电中性。质子和中子的质量约为电子质量的 2000倍，这就是为什么原子的质量几乎都集中在原子核。

　　例如，在一个正常的碳原子中，原子核包含了 6 个质子和 6 个中子，而原子核周围有 6 个电子，所以整个碳原子呈电中性。如果碳原子丢失一个电子（此事很容易发生），那么该原子就会变成一个带正电的碳“离子”。如果一个碳原子获得一个多余的电子，那么这个碳原子就变成带负电的碳离子。

　　在由质子和中子构成的原子核中，除了电磁力和引力外需存在另一个作用力，因为在原子核内，带正电的质子之间的电磁力是斥力，它具有分离各个质子的趋势。在原子核中，质子无法通过斥力聚集在一起，而质子之间相吸的引力又远小于相斥的电力。而中子呈电中性，也无法通过电磁力聚合在原子核中。因此，质子和中子之间需要一个其他的吸引力，一个比电磁力更强的吸引力来保持原子核不解散。这个作用力被称为“强力”或“强互作用力”。

宇宙与原子

之前我们说过，有些原子不稳定，经常会发射 α、β 或 γ 射线（或粒子）。我们还讲到 β 射线是电子，而伽马射线是电磁辐射。双带电的 α 粒子则被认为是普通氦原子的原子核，每个原子核包含着两个质子和两个中子，用 $_2^4$He 表示。

这三种辐射都来源于各种辐射原子的原子核。

强力不仅能将原子核聚合在一起，它有时还能让不稳定的原子核发射 γ 射线。然而，人们发现发射 β 射线需要另一种新的力，即所谓的"弱力"或"弱作用力"。在之后的章节中我们将对强力和弱力进行讨论。

量子理论的曙光

> 认为物理学的任务是了解自然的观点是错误的。物理
> 学只和我们如何看待自然相关。
>
> ——尼尔斯·玻尔(1885－1962)

在 19 世纪晚期，牛顿经典物理学的大厦尽管总体看上去仍富丽堂皇、坚不可摧，但已有几片乌云笼罩在大厦上空。其中一片乌云刚开始时似乎只是无关大局的危险，最后却直接导致了 20 世纪早期经典物理学大厦的崩塌。导致经典物理学崩塌的两场革命中的一场就是我们之前谈到的相对论革命，它推翻了空间和时间具有独立于观察者的属性这一经典物理学观点。另一场革命——量子力学革命——耗时更久，它推翻了粒子的位置和动量可以用任意精确度进行测量的观点。从量子的角度上说，我们将爱因斯坦的相对论物理归为经典物理，因为它并非量子物理，但爱因斯坦的物理学又不是牛顿的经典物理学。牛顿物理学通常被称为非相对论经典物理学。

根据量子力学，我们所说的粒子具有波的某些属性，而波又具有粒子的一些属性。尽管经典物理学被推翻,其在自身的适用领域依然十分有效,只是它的适用范围比当初所认为的要更小。

12.1 黑体辐射

当你将铁火钳伸进火中,火钳会迅速加热。将火钳移出火焰,用手靠近它,你会发现,就算火钳的温度并没有高到使它发亮,你也会感觉到火钳上有热量辐射出来。这种辐射主要是红外辐射,看不见却能感觉出来。如果你将火钳在火中多放一会,它就会开始发亮,先是暗红色,再是亮红色。若火焰温度足够高,火钳就会发出白光。火钳颜色以及释放的电磁辐射总量取决于温度。

现在抛开火钳,我们假设有一个中空的钢球,钢球上有个小洞。球的内部是黑暗的,通过小洞往球里面观察你就会发现这一点。球体的内部与物理学家们所说的"黑体"十分类似。室温下的一个物体如果不反射任何接收到的光线,而是将这些光线全部吸收,那么这个物体就会呈黑色(如果用白光照射一个红色物体,这个物体会将大部分的红光反射出去,而吸收其他大多数颜色的光)。真正意义上的黑体只存在于理想状态,但有些物体非常接近它。

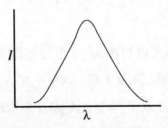

图 12.1　黑体辐射波谱,表现了强度 I 与波长 λ 之间的关系。若黑体温度升高,辐射强度的最大值就会增加并向左移动

如果钢球的内部是热的,那么会从小洞中发射出辐射。辐射强度及其频率的关系图被称为辐射波谱。由于频率 F 和波长 λ 之间存在着 $F\lambda=c$ 的关系(c 为光速),所以辐射强度和波长的关系图也叫作波谱。图 12.1 简单描述了一个黑体在某一任意温度下发射出的光线的波谱。当温度升高时,各种波长的辐射强度随之增强,而辐射强度的最大值向波长较短的方向移动。相反地,若温度降低,各种波

长的辐射强度就会变弱,而辐射强度的最大值向波长较长的方向移动。

这一波谱被称为"连续"波谱,因为该辐射覆盖了某个范围内的全部波长,无一遗漏。经典物理学就能告诉大家,黑体单位面积释放的辐射能量大小仅取决于温度。太阳就如同一个黑体,其表面温度超过 6000 K,大约相当于 6000 摄氏度(我们之前说过 0 K 等于−273℃,而 273 仅仅是 6000 的很小一部分)。

物理学家们试着计算黑体在任意给定温度下的能量值。计算方法是,假定这个黑体中间有许多振动的微小带电粒子,而这些粒子释放出与其自身振动有着相同频率的辐射。问题是,当物理学家们试图用经典物理学来计算波谱时,他们在高频领域得到的却是错误的答案,甚至说释放出的总能量是无限的。

在 1900 年,19 世纪最后一年,德国物理学家马克斯·普朗克成功地计算出了黑体辐射的波谱。他成功的秘诀在于,他作了一个看似随意的假设:微小的振子所具有的能量不是任意的,而是确定的。他给出公式 $E_F = hF$,其中 F 为振子的频率,而 h 是自然的一个基本常数,被称为普朗克常数。普朗克常数将一个能量的维度与时间相乘,最终得出一个极小的值 $h = 6.63 \times 10^{-34}$ 焦耳秒(Js)。10^{-34} 表示 1 除以一个极大的数,这个数是 1 后面跟着 34 个 0。普朗克的假设在当时看来很荒谬,但因为理论计算与实验相符,普朗克的假设得到了认真对待。人们过了这么久才发现普朗克常数,是因为这个常数实在太小,它的影响基本上只在微观现象中才能得到体现。

就这样,量子理论应运而生:这一理论认为(在所有物体中)有些特定的物体,其某些量(如能量)不具有能够连续变化的任意值,而具有某种特定的(量子化的)值。

12.2　光电效应

我们之前说过,光表现出许多只有波才具有的特性。某一频率的光具有一定的波长,且光在一些波的现象,如干涉中表现出许多波的特性。

然而,在 19 世纪的时候,人们观察到光还拥有一个用波的理论无法解释的特性:光电效应。光电效应指的是当一束波长足够短(或者说频率足够高)的光线照射到金属上时,电子会被击出金属表面。当然,因为光波具有能量,所以它将电子击出金属表面也可以理解。不过,奇怪之处并不在此。

如果光是一种波,那么对于波长相同的两束光而言,亮度较高的光束所击出电子理应比亮度较低的光束所击出的电子具有更强的能量,因为亮度越高能量越大。然而,通过测量发现,在这两种情况下击出的电子具有相同的最高能量值。亮度较高的光束仅仅是击出了更多的电子,但这些电子并不具有较大的能量。在测量中还发现,电子的最高能量值取决于光的颜色(波长)——例如,红光无法击出任何电子,而蓝光却能。

1905 年,爱因斯坦在解释这种效应时猜测,在光电效应中,光的作用像是一束粒子而不是一个波。这种粒子被称为光量子,后又改为“光子”。爱因斯坦假定每一个频率为 F 的光子具有能量 E,F 和 E 的关系便可用公式 $E=hF$ 表达,其中 h 为普朗克常数。爱因斯坦进一步假设,一个光子可将一个电子从金属表面击出,而光子在这一过程中消失。光子消失是因为它被电子吸收,而根据能量守恒,光子的能量全部给了电子。由于每个光子的能量与它的频率成正比(与波长成反比),所以释放出来的电子的最大能量仅取决于光的频率(或波长),而与光的亮度无关。红光的光子所具有的能量无法击出任何的电子,但蓝光的光子可以。

事实上,爱因斯坦发明了一个公式来对释放出的电子的最大能量进行量化解释。这一公式显示,将一个电子击出金属表面所需要的最小能量(对于不同金属而言,情况不同)加上被击出电子的最大动能等于光子的能量。这个公式是对能量守恒定律的简单运用,与实验结果非常吻合。

光可以像粒子一样作用这一观点是革命性的,过了许多年以后才被物理学家们广泛认可。甚至对于首次提出能量子的普朗克而言,爱因斯坦的这一假说也难以置信。

光粒子——或者说光子——既有动量也有能量。我们在第 10 章讨论相对论时说过,任何以光速行驶的粒子的能量都与其动量 p 成正比,即 $E=pc$,这一公式同样适用于光子。因为光同时也是一种波,甚至连一个单个的光子都具有一个波长,所以光子的波长 λ 与其动量也符合公式 $\lambda = h/p$。这一公式将同一个光子的波属性(波长)与粒子属性(动量)联系了起来。

12.3　线状光谱

当与别的原子发生碰撞或吸收光线,因此而获得能量时,原子会通过发射光将能量辐射出去。19 世纪末 20 世纪初时困扰人们的一个疑团是,这一辐射不具备连续性光谱,或者说这一辐射并没有将光的所有频率包含在内。相反,辐射光的频率(和波长)是一定的,对应的光谱是一条或多条谱线。这一现象与黑体辐射大相径庭,后者具有连续光谱,且仅取决于温度。图 12.2 是氢的线状光谱的一部分。在某些一定的波长上,谱线强度很高,而在另一些波长上没有光线射出。在此,我们没有对不同谱线之间的相对强度进行说明,因为这些强度取决于具体条件。

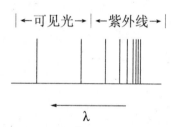

图 12.2　氢的线状光谱的一部分。图中显示的是以线的形式发射出的光的波长,但不同谱线之间的强度没有表现出来,因为这些强度取决于具体条件。注意,光的波长由右至左递增

12.4　玻尔的原子模型

第一个对线状光谱进行合理解释的人是丹麦物理学家尼尔斯·玻尔(1885—1962)。玻尔接受了卢瑟福关于原子正中心为原子核,而电子绕原子核旋转的观点。通过假定麦克斯韦的电磁理论不适用于原子的辐射,玻尔绕开了电子在辐射过程中会损耗能量的这一问题。玻尔提出,电子在绕原子核运行时处于

特定轨道,这些轨道不具有连续性,且有不同的能量。玻尔解释,电子在具有不同能量的轨道之间发生跃迁时才会发生辐射。若电子在初始轨道上的能量为 E_i,在终止轨道上的能量为 E_F,那么发射出的光子的能量就是初始轨道和终止轨道的能量差。玻尔提出光子的能量与频率之间的关系为 $E＝hF$,h 为普朗克常数。因此,辐射频率的公式即为 $hF＝E_i－E_F$。

玻尔无法计算出在具有多个电子的原子中,其各个电子可能拥有的不同能量。不过,在只涉及最简单的原子,即氢原子(只有一个电子)时,玻尔能在引入另一个设想的情况下计算出可能的能级。这一设想就是,某个轨道上的电子具有非连续的、量子化的角动量 L,且 $L＝nh$,h 表示普朗克常数 h 除以 2π,而 n 是一个整数。玻尔的计算与实验结果十分吻合。量子的力量在微观领域再一次得到了体现。

量子力学

两种看似互不相容的观点也许各自代表了真理的一个
方面。

——路易·德布罗意(1892—1987)

13.1　粒子波

　　1924 年,法国物理学家德布罗意(1892—1987)突发奇想,既然光能以粒子和波的两种形式存在,那么也许电子也可以。在上一章中我们讲到,光的波属性和粒子属性之间的关系可用公式 λ=h/p 表示,λ 是波长,p 是粒子的动量而 h 是普朗克常数。德布罗意假定这一关系也适用于粒子,如电子。他的这一想法结果被证明是正确的。所有我们称之为粒子的东西都具有波的特性,这种现象就是微观物体的波粒二象性。

　　人类的直觉似乎很难理解既有粒子的特性,又有波的特性的东西。我们的直觉可以轻松理解一个粒子或一个波,但当某个东西既是粒子又是波时,我们便有点儿蒙。我们在宏观层面上观察到的物体要么是粒子要么是波,但不可能既是粒子又是波,所以当我们发现微观物体有时是粒子有时是波时,这对我们的直觉而言真是一场噩梦。不过,当某一实验揭示出某微观物体的粒子特性时,这个实验就会隐藏这个微观物体的波属性,反之亦然。玻尔声称,没有任何实验能够同时揭示一个物体的波属性和粒子属性。这就是"互补原理",它似乎总结了目前为止我们所观察到的现象。

13.2 非相对论量子力学

就在德布罗意的成果公布后不久,德国物理学家维尔纳·海森堡(1901－1976)和奥地利物理学家埃尔温·薛定谔(1887－1961)分别提出了一条新的理论用来解释物质的波属性和粒子属性,我们现在将这两条理论称为量子力学。对于该理论,海森堡和薛定谔给出了不同的方程。海森堡的方程中涉及一个叫作"矩阵"的数学量,所以有时也叫作"矩阵力学"。另一方面,薛定谔的方程中使用了一个粒子的"波动方程",因此也被称为"波动力学"。之后,薛定谔证明这看似不同的两种理论实际上是同一回事,所以我们现在将这两种理论统称为"量子力学"。

海森堡和薛定谔的方程组适用于非相对论运动,即速度远低于光速的粒子运动。薛定谔还发明了一个相对论性波动方程,这个方程符合狭义相对论,但不符合广义相对论。海森堡的公式也可以与狭义相对论兼容。在本章的后面我们将对相对论性量子力学进行讨论。

我们现在来讨论一下薛定谔方程。薛定谔提出了一个波动方程来解释粒子的运动。给薛定谔等式求解,最后得出"波函数"的值,波函数在时空中每一个点都有不同的值。

薛定谔等式有一个特点——它的量并不全是真实的。在等式中出现了一个虚数(－1的平方根),用符号 i 表示(一个实数的平方通常为正数或 0,而虚数的平方则是负数)。薛定谔方程的解并不一定是实数,也有可能是一个"复数"。一个复数包含了实数部分和虚数部分；虚数部分被乘过。不过，我们能通过取复数的"绝对值"来得到一个实数。绝对值的平方等于实数部分的平方加上虚数部分(不包括)的平方。

德国物理学家马克斯·波恩(1882－1970)给出了波函数的解释。我们先从简单的单个粒子的波函数入手。在这种情况下波恩的解释是，在时空中任意一个点上的波函数的绝对值的平方为该粒子此刻出现在该点的概率。当薛定谔方程描述一个以上的粒子时，波函数的值取决于每个粒子的位置。波恩解释说，当所有位置得到明确时，每个粒子出现在某个特定位置(每个粒子的位置不同)上的概率等于波函数的绝对值的平方。

由于空间中有无数个点，所以一个粒子处在某单个点上的概率为 0。不过，我们可以通过波函数计算出一个粒子出现在包含这个点的一个小区域内的概率。这一概率是该区域的大小和该点在空间和时间中的"概率密度"的综合产物。粒子在任何时间出现于某处的总概率等于该粒子出现在空间中所有小区域的概率之和。这一总概率肯定是百分之百，因为粒子肯定会出现在某个地方。不过也有例外，因为一些粒子会衰变成别的粒子或发生湮灭。我们会在讨论相对论性量子力学的时候对这一例外进行说明。

无视这一例外，若随着时间的变化，概率会流入或流出空间中某一小片区域，那么这片区域的概率密度便会随着时间发生变化。我们将这种概率的流动称为"概率流"。如果没有概率流，任何小片区域的概率就会保持恒定。在这种情况下，粒子处于"定态"。

在量子力学中，玻尔所允许的电子轨道几乎全是定态。这种状态的波函数由薛定谔方程求得。除了最低能量状态(基态)——这才通常是真正的定态——近乎定态能发射出一个电子，并转变成另一个带有低能量的近乎定态或基态。通过求解薛定谔方程，物理学家能够计算出包含一个以上电子的原子所发射的光频。不过，随着电子数量的增加，这一计算变得越来越困难，必须采用近似方法来对方程求解。

薛定谔方程描述了物质的波动特性,且在波恩的演绎下,该方程的解给出了波函数基于概率的粒子化解释。因此,通常情况下就算我们知道一个粒子在某个初始时间处于哪个位置,我们也无法准确预测在未来的任意时间该粒子会出现在哪。在牛顿的非相对论性经典力学里面,我们似乎可以做到这一点,因为根据牛顿的运动方程,已知一个粒子在某个时间的位置和速度,我们就能计算出未来任意时刻该粒子的位置和速度。然而,牛顿的运动定律仅仅是近似正确。就算是在处理无须相对论的低粒子速度时,牛顿定律也无法合理解释微观粒子的运动。在许多情况下,牛顿定律为宏观系统的运动提供了很好的描述,但我们必须记住,这一描述是近似的,在某种情况下会全然崩塌。下一节中我们将解释这种崩塌。

13.3 海森堡的不确定原理

在量子力学发明后不久,海森堡便提出从量子力学中可推导出所谓的不确定原理。我们在此针对单个粒子来讨论一下不确定原理。假设该粒子的位置靠近坐标点 x,时间接近 t。再假设该粒子在 x 方向上的动量接近 p,能量约等于 E。我们将测量中的误差(或不确定性)用符号 Δ 表示,那么 Δx 便是测量该粒子在 x 轴上的位置时产生的误差,Δp 是测量动量 p 的误差,以此类推。将这些量用海森堡的不确定原理表示便是 $\Delta x \Delta p \geqslant \hbar/2$ 和 $\Delta t \Delta E \geqslant \hbar/2$。"$\geqslant$"表示"大于或等于",而 $\hbar$ 为普朗克常数 h 除以 2π。对于 y 轴和 z 轴上的位置和动量,以及其他的一些成对出现的量而言,不确定原理同样适用。

海森堡的不确定原理告诉我们,无论测量仪器有多先进,我们都无法同时无限精确地测量出一个粒子的位置和动量。测量位置和动量时由于不确定原理而产生的误差至少等于普朗克常数除以 4π。测量距离的精度越高,动量的精度就越低,反之亦然。同样地,在观察粒子时,我们测量的时间精度越高,粒子能量的测量精度就越低,反之亦然。

在牛顿力学中,我们认为可以无限精确地测量一个粒子的位置和速度,而量子力学却否定了这一观点。那么,为什么牛顿力学在 200 多年以来都屡试不爽? 答案就是,因为普朗克常数十分小,而宏观物理的质量却非常大(相对于电子的质量而言)。我们需要把粒子的质量考虑在内,因为动量等于质量乘以速度($p＝mv$)。假设测量一个粒子的位置时误差很小,那么根据海森堡的不确定原理,动量的测量误差肯定很大。不过,如果该粒子的质量非常大,那么,因为 $p＝mv$,所以就算速度的误差很小,动量的误差也会变得很大,因为小的误差要与一个很大的量,即质量相乘。对于足够大的质量,速度上的小误差通常难以察觉,所以在这种情况下,牛顿力学的计算就十分接近量子力学。

对于质量非常小的粒子,如电子而言,情况就不同了。据测量,电子的质量 $m_e＝9.11×10^{-31}$ 千克。若电子在原子中,且对电子位置的测量精度要远小于原子本身大小的话,那么该电子动量的不确定性就会变得非常大,以至于该电子可能会跑到原子外面去。

当然,就算在经典力学中,我们也无法无限精确地对位置和动量进行测量。关键是,经典力学理论对测量的精确度没有施加任何的内在限制。如果经典力学是正确的话,那么我们便能对测量仪器进行无限的改进而不受任何理论上的限制。然而,量子力学表明,不管多么聪明,人类都无法建造能够打破海森堡不确定原理的精密仪器。

现在,我们举一个例子来粗略介绍一下不确定原理是怎么产生的。为了测量一个微小粒子的位置,我们需要对这个粒子进行观察。观察时,首先要有光照射在该粒子上,然后光线反射回我们的眼睛。然而,光线由光子构成,光子具有动量,所以光子会将其部分动量传递给被观察的粒子,导致该粒子动量的测量结果发生偏差。当我们使用光或者其他的波进行测量时,粒子位置的精度受到光的波长的限制。因此,要想准确测量位置,光的波长就应该尽量短,而根据公式 $p＝h/λ$,波长越短,动量便越大。而光子的动量越大,其传递给被测量粒子的动量就越大,粒子动量的测量结果便越不准确。科学分析表明,要是量子力学成立的话,那么海森堡的不确定原理就是颠扑不破的真理。

13.4 量子力学中的干涉问题

我们让一束光从某个不透明物体的狭缝中穿过,并在狭缝的后面放置一块屏幕,那么这束光就会在屏幕上形成一个图形。因为光是一种波,所以它在穿过狭缝时会发生弯曲(我们将其称为"衍射"),因而屏幕上的图像实际上要比狭缝宽。我们也可以让光线从两个狭缝中穿过,最终也会在屏幕上得到一个图形。然而,光线穿过双缝形成的图形并不是穿过单缝图形的简单相加。由于光是一种波,所以穿过双缝的光线会发生干涉。具体而言,如果其中一条缝被遮住,那么屏幕上就会有若干明亮的区域,而当你敞开另一条缝时,之前明亮的区域便黯淡下来。出现这种现象的原因是,波在这些区域上发生了相消干涉。

现在,我们把光的亮度调小,直到每次只有一个光子穿过狭缝,并在屏幕上打出一个粒子状的亮点。假设随着越来越多的光子穿过,它们在屏幕上的亮点被标记下来,我们会发现,标记下来的亮点组成的图形与双缝衍射图形是一致的。如果你说每个光子只能通过一条狭缝那就大错特错了,因为据此推断的话,最后形成的图形就应该是单缝照射图形的简单相加,这与实验不符。

对此,我们唯一的解释是当只有一个光子时,它仍然是以波的形式穿过狭缝,并在穿过的时候以某种方式"觉察到"双缝的存在,但当这个光子在屏幕上打出亮点的时候,它又变成了一个粒子。

如果用一束电子来做相同的双缝实验,且换上在与电子发生碰撞时会发光的屏幕,我们所得到的实验结果与一束光子相同。结论是,一个电子以波的形式穿过双缝,最终以粒子的形式打在屏幕上。

光子或电子到底穿过了哪条狭缝? 这个问题是无法解答的。根据量子力学,除非做一个实验来测量光子或电子究竟穿过哪一条狭缝,否则这个问题便毫无意义。事实上,这种测量是十分困难的,但可以进行理论分析。我们把这种分析称为"思维实验"。分析的结果是,若我们去测量光子或电子究竟通过了哪一条狭缝,干涉效应就会消失,屏幕上的图形变成了两次单缝衍射图形的简单相加。图 13.1 中,a 为一条(光或者电子的)波在穿过一条缝时形成的衍射图形,而 b 则是波穿过双缝时形成的干涉条纹。

当观察到双缝干涉条纹时,我们不能说光子或电子仅从其中某条缝中通过。事实上,它们是以波的形式同时通过双缝。我们的直觉无法理解光子和电子既可以是波又可以是粒子这一事实。据我们目前所知,量子力学理论中不存在内在矛盾,而且根据量子力学的计算做出的预测完全符合实验测量。但人类的大脑好像仍无法理解到底发生了什么事情。

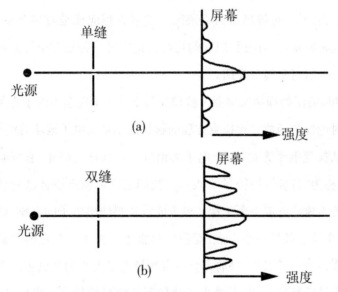

图 13.1   衍射和干涉。a 光或电子穿过一条狭缝时形成的图形。
b 光或电子穿过双缝时形成的图形

13.5   相对论性量子力学

大约在薛定谔写下其大名鼎鼎的非相对论性方程的同时,他还创造了与狭义相对论原则相兼容的另一个波方程。这一方程有时被称为薛定谔方程的相对论形式,不过,出于某种我本人并不认可的历史原因,这个方程大多数时候被叫作克莱因—戈登方程。薛定谔的非相对论性方程也经常被称为薛定谔方程。

之前我们讲过,波恩将薛定谔方程的波函数解的绝对值的平方解释为一种概率。然而,克莱因－戈登方程的波函数的绝对值平方不能作此解释。原因是,某个点的概率密度必须具有仅当概率流流入或流出该点时才能发生改变的特性。克莱因－戈登波函数的绝对值的平方不具备该特性。事实上,我们无法从这个波函数中得出任何可以被解释为概率的量。不过,如果克莱因－戈登方程被解释为描述一个带电粒子,那么由其波函数可求出一个叫作电荷密度的量。尽管概率密度一定为正,电荷密度则是可正可负,视粒子所带电荷的正负而定。在这种解释下,克莱因－戈登方程描绘了一个带电荷的而不是呈电中性的粒子。然而,另一种解释认为克莱因－戈登方程应该是对多个粒子的描述。在此不对这种解释过多探讨,但我们将在讨论完另一种相对论性波函数——狄拉克方程——后对此简单介绍。

1928 年,英国物理学家保罗·狄拉克写下了一个完全不同于克莱因－戈登方程的相对论性波函数。狄拉克方程的解被证明是对电子运动的绝妙描述。

根据狄拉克电子方程,一个电子无论处于运动还是静止,它都有一个内在的角动量,称为"自旋",用符号 S 表示。我们也许可以将绕自己的轴旋转的电子不是很恰当地比方成一个陀螺。没人能真正描绘出电子的自旋,因为大家知道,电子这个粒子只是一个小点,而我们是很难想象出一个点的自旋的。我们将电子看成一个点是因为,目前为止所有测量电子大小的尝试都归于徒劳。所有测量结果最后都显示,电子要小于我们所能测量的精度。当然,这并不能说明在未来不会出现某种测量方法来证明电子具有比 0 大的体积,我们只需耐心等待。此外,某些理论,如"弦理论"就将电子的大小设定为比 0 大。不过,弦理论目前尚未被实验验证,因此其关于电子大小的判断只能作为一种猜想。最后一章将对弦理论进行简要讨论。

所有的电子都是完全相同的粒子,因此具有相同的自旋大小。电子间的唯一差异在于它们的自旋方向,而自旋方向也受到狄拉克方程的限制。若电子沿着空间中某个方向做顺时针自旋,那么我们说它的自旋是朝着测量方向。若电子逆时针自旋,我们则称它背着测量的方向自旋。实验证明,对于绕空间中任意方向自旋的电子,若对其自旋的构成进行精确测量,我们将得到两个量子数相同的值,这个值为 $S=\hbar/2$,其方向要么朝着测量方向,要么背着测量方向。狄拉克方程的这一预测已被实验证明。简单地说,所有电子的自旋为 1/2 个 $\hbar$ 单位,或自旋为 1/2。

狄拉克方程还有其他令人惊奇的特性。例如,它不仅对带正能量的电子有解,对带有负能量的电子也同样有解。我们通过观测发现,原子中处于激发态的电子能自发地转换到低能态。那么,一个自由狄拉克电子为什么不能自发地转换到低能态呢? 狄拉克方程的解告诉我们,所有的低能态都被一片"电子海"充满。

一个正能量电子无法转换到一个已经被负能量电子充满了的状态。不能有两个电子同时处于相同的量子状态,这一结论被称为"泡利不相容原理"或"泡利原理",以首次提出该原理的奥地利物理学家沃尔夫冈・泡利(1900－1958)的名字命名。在本章的后面,我们将对泡利原理进行更详细说明。

但我们在这片"海"中为什么观察不到低能态电子呢? 狄拉克大胆地猜测,我们是无法观察到电子海中的负能量电子的,因而他将电子海解释为一片真空。然而,如果海中某个低能态电子吸收了一个能量充足的光子,那么该电子便激发到正能量态,在海中留下一个"洞"。狄拉克将这个洞解释为带着正能量,且与该粒子具有相反电荷的"反粒子"。由于电子带有负电荷,所以它的反粒子必须带正电荷。起初,狄拉克猜测反粒子是质子,但立马又从理论中得出,反粒子必须和粒子具有相同的质量。反电子通常被称为"正电子"。1932 年,实验中发现了正电子的存在,证实了这一预言。正电子的电荷为正,质量与电子相等。这是狄拉克理论的一次胜利。

后来,人们发现具有自旋和反粒子并不是电子的特权。所有我们目前称为(或假设性地称为)基本粒子的粒子都具有一定的自旋,并存在其反粒子,尽管某种粒子的自旋可能为 0,且电中性粒子的反粒子可能与该粒子相同。

狄拉克方程要想自圆其说,就必须有负能量电子海的存在,所以该方程便不再被解读为仅适用于单个粒子。后来,一种对狄拉克方程新的解读方式剔除了对负能量电子海的要求。这一解读表示,该方程不仅是描述了单个粒子,更是描述了一个场。狄拉克场可以被量子化,但这一过程十分专业,在此我们不再深究。狄拉克场被量子化后,电子和正电子便是量子,因此在场的解释中,狄拉克方程通常是对多个粒子的描述。

麦克斯韦方程组与狭义相对论是兼容的。麦克斯韦方程组的一个解便是对电磁场的描述。电磁场将光视为一种电磁波。我们能够越过麦克斯韦方程组,将电磁场量子化。量子化电磁场的过程同样也具有非常高的技术性,其结果是我们能用光子来对电磁场进行描述。在进行这项工作时,我们发现光子变得和电子一样具有自旋了,只不过根据麦克斯韦方程组电子的自旋为1,单位则同样是 h。光子呈电中性(不带电荷),在它身上不具备区分粒子和反粒子的特性。因此,电子和它的反粒子是相同的。

通过量子化麦克斯韦电磁场方程组和狄拉克场,我们发现相对论性量子力学方程组适用于多种粒子、光子和电子(以及正电子),而不是每个方程对应一种单个粒子。

再深入一点,我们便能用一个方程将量子化的狄拉克方程与电磁场之间的相互作用表示出来。方程的解说明带电荷的电子(以及正电子)每次只能释放出或吸收一个光子。同时,(在原子或其他粒子附近的)光子能转化成电子或正电子,且电子和正电子之前可发生对撞,湮灭为两个光子。根据这一理论所作出的预测有严苛的实验作为支撑。因此,根据相对论性量子力学,光子的数量不是一个常数,因为光子能被电子(以及其他任何的带电粒子)创造和吸收。同时,尽管电子或正电子在与光子发生相互作用时无法独自出现或消失,它们可以成对地被创造出来或湮灭。这便是另一个守恒定律:电子与正电子的数量差保持不变,或者说是一个常数。这一定律仅仅是接近现实,因为我们之前简单讨论过的所谓"弱相互作用"能创造出单个电子,或导致单个电子消失,尽管在弱相互作用中电荷保持守恒。

现在我们来举一个弱相互作用的例子。假设有一个自由中子。我们可以用一个高能粒子去轰击原子核,从而得到一个自由中子。通过观察,我们发现自由中子不稳定,会通过下面的反应发生衰变:

$$n \rightarrow p + e^- + \bar{v},$$

其中 n 代表中子,p 代表质子,e^- 代表电子,而 $\bar{v}$ 则代表一个反中微子。中微子和反中微子都呈电中性,且据目前所知只存在弱相互作用。当中子发生衰变时,其释放出的反中微子的弱相互作用通常无法观测得到。由于最初的中子不携带电荷,而最终质子和电子的电荷代数之和为 0,所以电荷一直处于守恒状态。

在中子被发现之前,人们观察到有些质量比较大的原子核会衰变为一个电子加一个剩余核。剩余核的正电荷强于最初的衰变原子核,因为释放出的电子带负电荷,而在整个反应中总电荷保持守恒。放射性原子的衰变会导致元素发生变化。这种变化正是炼金术师们梦寐以求的,不过在放射性衰变中,通常只有少量的放射性元素发生变化,且该变化不可控。

在对原子核衰变成电子和剩余核的早期观察中,人们发现剩余核与电子的能量之和(包括静能量)少于衰变原子核的静能量。起初,这一现象引起了极大关注,许多杰出的科学家认为在衰变的过程中能量不守恒。沃尔夫冈·泡利提出了一个新的假说:在衰变中释放出一种中性的不可见的粒子,带走了部分能量,因此导致能量看上去不守恒。

意大利物理学家恩里科·费米(1901-1954)将泡利所说的粒子命名为中微子。费米还提出了与早期实验相符合的一条弱相互作用理论,但这一理论后来被标准模型取代。费米在 20 世纪的物理学家中算是不同寻常,因为他既精通实验又精通理论。从 20 世纪一直到 21 世纪,对于大多数物理学家而言,实验和理论二者是无法兼顾的。

由于中微子呈电中性,而其相互作用很弱,所以我们至今仍不知道中微子和反中微子是否是相同的。

一个自由中子能存在，或者能——正如人们通常所说——"存活"多长时间？目前的理论尚无法做出解答。有些中子存活时间长，有些存活时间短，一个中子可在任何时间发生衰变。不过，通过测量发现，中子的平均存活时间为15分钟。这就意味着当实验对象是大量中子时，尽管无法确定某个中子衰变的时间，但我们能算出所有中子衰变的平均时间为15分钟。因此我们说中子的平均寿命，或者简单地说中子的寿命为15分钟。

我们还能讨论一个衰变粒子的"半衰期"，即对于某个种类的一堆粒子，这些粒子中的一半发生衰变的时间。由于多数粒子衰变的时间早于粒子的平均寿命，所以一个粒子的半衰期比其平均寿命要短。中子的半衰期大约为10分钟。平均寿命长于半衰期是因为有一些衰变粒子存活的时间比平均寿命长得多，因此拉长了所有粒子的平均寿命。

有一个守恒定律据我们所知是准确无误的，这就是电荷守恒。根据电荷守恒，在弱相互作用中若是产生了一个电子，那么有着相同电荷的另一个粒子就必须消失，或者必须同时产生一个与电子的电荷相反的粒子。同样，若在弱相互作用中消失了一个电子，与该电子具有相同电荷的另一个粒子就必须被创造出来，或者电荷相反的另一个粒子就必须消失。在中子的衰变中同时产生了带正电荷的质子和带负电荷的电子。

在电磁场和狄拉克场的量子化后出现了一条描述光子和电子的新理论，该理论被称为"量子电动力学"。这是一条非常成功的理论，它使得物理学家计算电子的某些特性时精度达到了百万分之一，且与实验结果的误差也小于百万分之一。

现在我们回到克莱因－戈登方程。我们知道这个方程并不是描述单个的中性粒子，因为通常无法从波函数建立一个数值为正的概率密度。不过，我们可以将克莱因－戈登方程解读为一个能被量子化的场的方程。若执行量子化，那么产生的粒子的自旋就是0（也就是说根本没有自旋）。粒子要么处于中性，要么携带电荷；如果携带电荷，那么这些粒子便能与电磁场发生作用。

有趣的是,我们至今无法像电子的狄拉克场一样建立一个用来描述质子或中子的场。原来,质子和中子并不是基本粒子,它们由叫作"夸克"的更小粒子构成。我们将在第 16 章中讨论夸克的场。不过,质子和中子具有反粒子,分别称为"反质子"和"反中子"。质子—反质子组合能同时产生或湮灭,中子—反中子组合也一样。我们在实验室里已观察到了这些现象。质子和中子的自旋都为 1/2(单位还是 ℏ。)

从麦克斯韦方程组可以得出,当一个带电荷的粒子发生运动并产生电流时,会形成一个磁场。电子和质子携带电荷,它们的自转会使电荷发生移动,从而形成磁场。狄拉克方程能对电子的磁场强度进行十分精确的预测,而量子电动力学理论的预测则更为精准。但对于质子而言,情况有所不同,因为质子是由夸克组成的合成物。尽管中子呈电中性,但它的自旋仍会产生磁场,原因是中子由夸克组成,而夸克既有电荷又有自旋,因此在中子内形成磁力。由于夸克带电荷,所以夸克的反粒子(反夸克)必须带有相反的电荷,因此也必须和夸克有所不同。尽管中子呈电中性,但是反中子与中子并不相同,因为反中子由反夸克构成,其磁力的方向与中子磁力的方向相反(与自旋方向有关)。

13.6　自旋与统计

根据量子场理论,粒子可分为两大类别:自旋为半整数,通常是 1/2 个 ℏ 单位的粒子,和自旋为整数,通常是 0 或 1 个 ℏ 单位的粒子[ℏ 等于 h/(2π),h 为普朗克常数]。1/2 自旋场被称为物质场,1 自旋场则被称为力场或相互作用场,力场在物质场之间承载着相互作用。0 自旋场是一个特殊的场,它能给质量大于 0 的粒子增加质量。我们之后会对这些场作更详细介绍。

假设有几个相同的半整数自旋量子,如电子。量子场论仅对符合以下条件的粒子具有自洽性:任何两个这种粒子的波函数在互相交换坐标时具有反对称性。这意味着两个粒子交换位置后波函数会改变符号。因此,给定的量子态只能由一个量子占据。是这样的:如果两个电子有相同状态,那么交换它们的位置并不能改变波函数,因为所有描述这两个电子的坐标是相同的。但在改变位置时波函数必须发生变化。既得保持原样又得改变符号的波函数只能为 0,也就是说这种状态不存在。因为没有两个具有半整数自旋的相同粒子能同时存在于同一个量子态,所以在一大群这种粒子中所谓的"统计特征"是异乎寻常的。在一群具有半整数自旋的相同粒子中,没有任何的两个粒子能够同时拥有一个相同的量子态,这便被称为符合费米—狄拉克统计(以物理学家恩里科·费米和保罗·狄拉克的名字命名)。具有半整数自旋的粒子被称为"费米子"。在一个原子中,没有两个电子能处于相同的量子态这一原理就是我们之前说过的泡利原理。如果不考虑泡利原理,那么我们将无法理解化学元素的特性。

下面来看具有整数自旋的量子,例如光子。对于这类粒子,量子场论能自洽的条件是,当它们的坐标交换时其波函数是对称的。这就意味着在交换中,波函数不改变符号。因此,就算两个或两个以上的光子处于同一个状态也不会发生冲突,所以一个相同的状态可以容纳无数个相同的整数自旋粒子。符合以上条件的粒子遵守玻色—爱因斯坦统计(以爱因斯坦和印度物理学家萨特延德拉·玻色的名字命名)。整数自旋粒子也被称为"玻色子"。

13.7 纠缠

假设有一个由两个电子组成的系统。我们之前说过,每个电子的自旋为 1/2。在这种情况下,根据量子力学角动量相加的定律(我们在此不深入探讨),两个电子自旋之和要么等于 1,要么等于 0。当两个电子的自旋有相同方向时,其自旋之和等于 1,方向相反时则等于 0。我们之前说过,以空间中任意一条轴线作为参考来测量单个电子的自旋方向时,电子自旋的测量结果要么是朝着测量方向,要么是背着测量方向。如果我们事先没有任何关于自旋方向的信息,那么自旋朝着测量方向的概率便为 50%。

现在,假设自旋之和等于 0 的两个电子被迫朝着相反方向飞走,而相距十分遥远的两个观察者分别在两端测量这两个电子自旋的方向。用不同的电子多次重复该实验。测量者会发现,电子自旋朝向他随机选取的轴的方向的概率为 50%,背着这一方向的概率也为 50%。也就是说,用不同的电子做重复的实验时,有 50% 的电子在测量中朝着选定的方向自旋,还有 50% 的电子在测量中朝着选定方向的反方向自旋。

假设观察者们决定选用相同的轴线来测量电子的自旋方向。那么,尽管在每个观察者的测量中,电子自旋方向朝向或背向选定方向的概率都是 50%,但是当其中一个观察者测到一个电子的自旋方向是朝着他的选定方向时,他可以同时确定地(以 100% 的概率)预测另一位观察者所测量的电子自旋为背向该方向。无论两个观察者相距多远,这一预测都成立,只要电子在飞行过程中不受别物的干扰而改变自旋方向。

出现这种现象的原因是,无论两个电子在空间中相距多远,它们的自旋都由一个波函数所描述。这一波函数的发散性意味着不同电子的自旋方向之间并不是相互独立,而是彼此纠缠的。

起初,人们对这种百分之百的确定性并不感到惊讶。有一个经典的类比来从表面上解释这一现象,不过这一类比无法对量子力学层面上的这种现象做出解释。在此,我们先对这个经典类比进行描述,然后再解释为什么在量子力学中会出现不同。

假设一个男孩和一个女孩沿着 x 轴朝相反方向分别走向两个不同的观察者。女孩行走的方向是随机选择的,而男孩行走的方向则必须与女孩相反。如此,每个观察者最后见到女孩的概率和见到男孩的概率都是 50%。但是如果其中某个观察者见到了女孩,他立马会知道另一个观察者见到的是男孩。

这一类比与量子力学的差别在于,在测量中电子自旋可朝向或背向任何随意选取的轴线。如果一个观察者测量自旋是朝着某条轴线,那么他便能肯定地预测另一个观察者会测量到,自旋是背向他选择的轴线,只要后者所选的轴线和前者相同。然而,若后者选择了一条不同的轴线,那么前者便无法肯定地预测出后者的测量是朝向他选择的轴线还是背向他选择的轴线。特别是当后者选择的轴线与前者垂直时,前者在自己测量的基础上也只有50%的概率能准确预测后者测量的结果。或者说,第一个观察者的测量使得第一个电子的自旋要么朝向要么背向他选择的任何方向。同时,第一个观察者的测量还使得第二个电子的自旋方向与第一个电子相反,只要第二个观察者选取的测量轴线与第一个观察者相同。但是,如果第二个观察者选取的轴线与第一个观察者选取的轴线相垂直,那么第一次测量的结果对第二次测量便没有任何的约束。第二个观察者会有50%的概率发现自旋朝向他自己选取的方向,也有50%的概率背向他自己选取的方向。

在男孩与女孩的经典案例中,尽管两个观察者事先不知道他们最后会见到谁,但是他们中间谁会见到男孩而谁又会见到女孩在一开始便是被派男孩和女孩走的那个人(或男孩和女孩自己)决定了的。但是对电子自旋而言,将两个电子的自旋之和设定为0的人并没有提前预知电子的自旋方向会朝向还是背向某条任意选择的轴线。事实上,在做出第一次测量前,我们不能说电子自旋是朝向或背向任何的轴线。在第一次测量前,电子具有朝向或背向任何轴线的潜力。

这个事实不可谓不惊人:在测量了一个电子的自旋方向后,我们马上可以预测出另一个电子沿着相同轴线的自旋方向,无论在测量时两个电子相距多远。这是量子力学的一个预测,已经被实验证明。这一瞬即效应产生于波函数的一种非定域性——波函数在空间中呈发散状态。爱因斯坦将这一非定域作用称为“幽灵般的远距离作用”。这一作用也许真的像幽灵一般,但它并不违背狭义相对论。在第一个观察者做出测量后,他马上知道第二个观察者会发现什么,但如果他想把他的预测告诉第二个观察者,他就得发出一个信号,而这个信号的速度不可能比光快。

第14章

元　素

终有一天，世界将只剩下一门科学、一条真理、一种产
业、一种兄弟情谊，以及与自然的一种友谊。

——德米特里·门捷列夫(1834—1907)

14.1　角动量的量子限制

在上一章中我们讲到，各种场的量子是具有自旋的粒子。粒子的自旋可为半整数(通常是 1/2)或整数(通常是 0 或 1)。根据量子力学，不仅自旋是量子化的(取半整数或整数值)，而且(参照任意选择的轴线)自旋的方向也是量子化的。对于沿着任意轴线的自旋而言，方向的值大到自旋的值，小到自旋值的负数，后面跟着自旋的单位(ℏ)。例如，电子自旋为 1/2，其方向可为+1/2 或−1/2。自旋为 1 的粒子的自旋方向可以是+1,0 或−1。自旋为 2 的粒子的方向为+2,+1,0,−1,−2。无论选取哪条轴线作为测量轴，自旋方向都只能是以上数值。

111

有一个例外。以运动方向为轴线,质量为 0 的粒子的方向只能是 $+S$ 或 $-S$,而不能取中间值(之前说过,质量为 0 的粒子通常处于光速运动状态)。例如,据我们目前所知,自旋为 1 的光子的质量为 0,其自旋方向要么是 $+1$,要么是 -1,而不能是 0。如果引力可以被量子化(目前还没有实现这一点,因为广义相对论仍被视为经典理论而非量子理论),那么引力场中应该存在质量为 0 的量子,称为引力子。引力子的自旋应为 2,以运动方向为轴,它的自旋方向要么是 $+2$,要么是 -2,不可能是其他数字。我们目前尚未发现引力子的存在,不过鉴于引力相互作用的微弱性,这也是在意料之中。

并不是所有的粒子都是基本粒子。例如,原子是由一个原子核及一个或一个以上的电子构成。在一个中性的原子中,带负电的电子的数量与原子核中质子的数量相等。那么,原子的自旋是什么?这个问题的答案取决于作用力的状态,即构成原子的粒子(电子和中子)之间的相互作用力。不过,这个问题的答案还取决于量子力学的限制。由于这种限制十分广泛,脱离作用力状态而存在,因此在这里要进行较为详细的讨论。

量子力学认为,如果一个具有自旋 S 的粒子是由分别具有自旋 S_1 和 S_2 的两个粒子构成,且这两个粒子都没有轨道角动量,那么自旋 S 便只能在某一个范围内取值,其中最大值是 S_1+S_2,另外还包括 S_1+S_2-1 等,一直递减到最小值——S_1-S_2 的绝对值。举个例子,氢原子是由自旋同为 $1/2$ 的一个质子和一个电子构成。因此,如果这两个粒子没有轨道角动量,那么氢原子的自旋就是 1 或 0。电子和质子之间作用力的状态使得最低能态(基态)拥有自旋 0。自旋 1 的状态可以存在,但它拥有更高的能量。

轨道角动量也是量子化的。它的值可以是一个整数(单位为 $\hbar$),但不能是半整数。如果氢原子中的电子具有轨道角动量(用 L 表示),那么氢原子的全部角动量就等于轨道角动量和自旋角动量的"矢量和","相加"的方法与自旋的相加方法一样。例如,设 $L=2$,$S=1$,那么氢原子的全部角动量(用 J 表示)就可以是 3,2 或 1。若 $S=0$,那么全部角动量就是轨道角动量,即 $J=2$。出于动力

112

学的原因,不同的状态拥有不同的全部角动量,所以其能量就有差异。在此,我们仅陈述数学计算的结果,因为纠结于数学计算的过程会偏离我们的主旨。

14.2　元素

我们之前说过,原子是由原子核和围绕原子核的电子构成。因为原子呈电中性(如果带电的话,它就被称为离子),所以原子中电子和质子的数量是相等的。

只包含一种原子的物质叫作"元素",由一种以上的元素通过化学键接组合在一起的物质被称为"化合物"。元素的最小部分为原子。分子是物质(元素或化合物)中能够独立存在并保持该物质化学特性的最小单元。某些元素的分子结构最为简单,仅包含这种物质的一个原子,另一些分子的结构则更为复杂。例如,普通氧气的最小组成部分是由两个氧原子组成的分子。氧原子与氧分子具有不同的特性,氧原子的活性更强。氯化钠是由两种不同的原子构成的分子。氯化钠分子由一个钠原子和一个氯原子化学键接而成。化合物与构成它的原子在属性上有可能差别巨大。例如,钠是一种活性金属,氯则是有毒气体,但氯化钠不过是一种普通的盐。我们将在下一节探讨化学键接。

最简单的原子核仅包含一个质子。为了达到电中性,原子核外必须有一个电子。这种原子就是氢原子,用符号 $_1^1H$ 表示。上标 1 表示原子核中核子(质子加中子)的数量,下标 1 表示原子核中质子的数量。字母 H 是氢的化学符号。原子的种类取决于原子核中质子的数量,所以在标记原子的时候下标经常省略。因此,氢的符号也可记为 ^1H。有时甚至省略上标,将氢的符号直接记为 H。

如果原子核中有一个质子和一个中子,那么该原子仍为氢原子,不过叫作"重氢"或"氘",符号为 $_1^2H$,用以区分原子核中没有中子的普通氢原子。氢和氘是同一种元素的"同位素"。同位素的原子核中有相同数量的质子和不同数量的中子。氢还有另一种同位素,氚,符号 $_1^3H$。氚不稳定,它有自身的平均寿命,在这段寿命之后便自发地衰变成另一种物质。自然界中的氢大多以普通氢的形式存在。

另一种简单原子是氦原子,它的原子核中有两个质子。氦最常见的同位素在其原子核中有两个中子,用符号 $_2^4He$ 表示。氦核子在氦原子内移动,但总体来说离得很近。图 14.1 是原子核的简图,从图中可以看出,质子和中子彼此距离很近。质子和中子都是由夸克组成,在本图中没有显示出来。在这种尺度上,电子无法在图中描绘出来,因为距离太远。

处于最低能态(基态)的氦有两个电子,二者都处于各自的最低能态。但是,我们之前说过泡利原理不允许两个电子处于相同状态。因此,其中一个电子必须有自旋"向上"(沿着任意选择的轴线),而另一个电子必须有自旋"向下"(沿着选择的轴线朝相反方向)。

p=质子
n=中子

图 14.1 原子核简图。当它在辐射性衰变中被释放出来时,该原子核也被称为阿尔法粒子。质子用带 p 的圆圈表示,中子用带 n 的圆圈表示

原子核中有 3 个质子的原子为锂原子,其最常见的同位素为 $_3^7Li$。锂原子有 3 个电子,其中两个电子的状态与氦原子的电子相同,第 3 个电子则由于泡利原理而处于另外的状态。第 3 个电子的最低能态的所谓"基本"量子数与其他两个电子不同,这就意味着它的波函数虽也取决于它与原子核的距离,但是方式不同于另两个电子的波函数。

由于只有两个电子能有低能态下的最简波函数,而第 3 个电子必须是高能态,所以低能态的两个电子在原子中形成了所谓的"第一壳"。氦原子拥有一个"闭壳层",所以氦元素是一种惰性气体。在锂原子里,有一个电子在"第二壳"中。铍原子的原子核中有四个质子,核外第二壳内有两个电子。

下面是硼原子,它的原子核中有 5 个质子。你如果认为硼的第 5 个电子会

出现在第三壳内就大错特错了。从薛定谔方程的数学解中可以得出,在第二壳内,电子除了具有轨道角动量 0,还可能具有轨道角动量 1,这就带来了新的可能性。当轨道角动量是 1 时,沿着任意轨道,这一轨道角动量的分量的值可能是 1,0 或 −1。对于上面每一种可能性,自旋的分量都可能是 1/2 或 −1/2,所以总共有 6 种不同的状态。因此,第二壳最多可容纳 8 个电子,其中 2 个具有轨道角动量 0,6 个具有轨道角动量 1。

在硼后面是碳,碳的原子核中有 6 个质子。氮原子的原子核中有 7 个质子,氧原子 8 个,氟原子 9 个。有 10 个质子的原子为氖,它的电子充满了第一壳和第二壳。氖原子后面是钠原子,它的原子核中有 11 个质子,原子核外有 11 个电子。钠原子中有一个电子位于第三壳,该电子的基本量子数为 3。拥有这一基本量子数的电子具有轨道角动量 0,1 或 2。由于多体问题十分复杂,所以很难计算出电子在各个壳中的填充顺序。因为要将一个电子放入具有轨道角动量 2 的壳中需要极大的能量,所以如果一个原子的电子填充了所有具有轨道角动量 0 和 1 的状态,那么这个原子就会表现得像是一个壳被封闭起来的原子。电子首先填充基本量子数为 4 和轨道角动量为 0 的状态,之后再填充基本量子数为 3 和轨道角动量为 2 的状态。还有一些原子有着更多的质子和电子,但如果接着讨论它们的话会非常乏味。

原子核中的质子数被称为原子的"原子序数",核子数被称为"原子质量数"。有一种计量方法被称为"原子质量",它将碳 12 原子——有 6 个质子和 6 个中子的碳原子——的质量记为 12。在这种计量方法中,一个原子的质量为它的原本质量除以碳 12 原子质量的 1/12,所以该质量是没有单位的。

具有闭壳层的元素有相似的特性:比如说,它们都被称为"惰性气体",因为很难让它们发生化学反应。在闭壳层外有一个电子的元素是化学活性突出的金属,氢除外。相似地,在闭壳层外有两个电子的元素也具有相似的化学特性,依此类推。

可将所有元素按其原子数的升序从左至右、从上到下排列成一个表。在这个表中,化学属性相似的元素位于一列。这个表便是"元素周期表"。它最先由俄罗斯化学家德米特里·门捷列夫(1834－1907)推出。在门捷列夫生活的那个年代,人们还不知道量子力学,所以他当时是不明白原子结构的。然而,门捷列夫基于各个元素在观察中表现出来的化学特性,结合自己的经验绘制了元素周期表。由于以下两个原因,各个元素的原子质量并不全是整数:

1)在不同的原子核中,将质子与中子束缚在一起的结合能是不同的,而根据 $E=mc^2$,结合能对质量产生影响。

2)在原子质量表中,某元素的质量是该元素在地球上最常见形式的原子质量。碳的原子质量并不是刚好等于12,因为碳通常以两种同位素的形式混合存在,大部分是,还有小部分是,而后者的质量较大。若某元素在自然形成的过程中,其不同的同位素相互混合在一起,那么该元素的符号可省略上标与下标,例如,碳就用 C 表示。自然形成的碳的原子质量为 12.011。

14.3 化合物

氦元素和氖元素的原子有闭壳层,所以它们以惰性气体的形式出现并不是没有道理的。这两种气体的分子都只包含一个原子。让惰性气体与其他元素结合而生成化合物是很难的(但并不是不可能)。同样,锂元素和钠元素是化学活性高的金属也不是没有道理的,因为在锂原子和钠原子中都有一个电子位于闭壳层之外。处于闭壳层之外的电子被称为"价电子"与其他电子区别。有些元素的价电子比较多。例如,碳有 4 个价电子,氮 5 个,氧则有 6 个。相对闭壳层电子或核心电子而言,价电子更容易与其他原子结合。

在元素周期表中,氖在氦的正下方,而钠则在锂的正下方。因此,某个元素在元素周期表里的位置反映出该原子的电子结构。

为了弄明白为什么有些元素表现出更多的惰性,而另一些元素则比较容易和其他元素合成化合物,我们必须理解原子构成分子的机制。原来,电子有形成闭壳层的能量趋势。形象地说,电子"喜欢"处在闭壳层中。为什么是这样呢?

116

原子和离子的属性之一便是它们能够存在于能量不同的状态中。高能原子态能自发地辐射光(光子),从而释放出一些能量。由于能量守恒,原子会跌落到低能态。原子释放光子的过程会一直持续到原子的最低能态,或"基态"。根据量子力学,每个原子都有一个基态。

现在,假设将一个钠原子和一个氟原子放在一起。如果钠原子将它仅有的价电子给了氟原子,那么,它剩下的电子便会形成一个闭壳层。同样地,氟原子在接受了来自钠原子的电子后也会形成一个闭壳层(在接受电子前,氟原子正好还缺一个电子便能形成闭壳层)。在奉献出一个电子后,钠原子便不再是一个中性原子,而是一个带正电的阳离子。同样地,在接受一个新的电子后,氟原子变成了带负电的阴离子。阳离子与阴离子相互吸引,形成中性化合物氟化钠(NaF)。这一化合物的能量比呈中性的钠原子和氟原子的能量之和要低。不受外界干扰时,这一化合物处于稳定状态,这种化学键被称为"离子键"。不过,当该化合物获得额外的能量,如吸收外部的光子时会发生分解。

原子还能通过另一种方式组合成分子。例如,氢气通常是由氢分子而不是氢原子构成。氢分子由两个氢原子组成,但两个原子间不存在电子的交换关系,而是两个氢原子核共用两个电子,所以从某种意义上来说,每个原子都有一个闭壳层。实验发现,这种相互分享的状态所具有的能量要低于两个自由氢原子的能量之和,因此是一种结合状态。这种化学键接被称为"共价键"。

离子键和共价键是形成分子的两种不同方式。还存在更复杂的中间方式。有些分子还包含三个原子或更多,有些复杂的分子甚至由几千个不同的原子构成。其中尤为复杂的是有机分子,即含有碳原子的分子。因为碳有 4 个价电子(闭壳层外有 4 个电子),所以它能以各种各样的形式与许多不同的原子组合成分子。我们已知的所有生命形式中都包含了有机分子,或者说含有碳原子的分子。

我们能在实验室里合成某些种类的有机分子。而且,我们相信地球的早期环境有利于有机化合物的生成。不过,在实验室里还没有成功合成过任何的生命体,所以我们目前仍无法对生命的起源做出科学解释。

第15章

原子物理

> 只有物理学才是科学。其他的都是集邮。
>
> ——欧内斯特·卢瑟福勋爵(1871—1973)

很具有讽刺意味的是,在说出上面这段话,将其他门类的科学羞辱了一番后,卢瑟福获得了诺贝尔化学奖而不是物理学奖。不过,由于卢瑟福发现了原子核,他被视为原子物理的创始人。

15.1 强力

卢瑟福发现,原子中有一个小小的核心,几乎所有的原子质量都集中在它上面,而在这个核心周围有一个或若干个电子围绕着它。我们之前说过,电子目前被认为是基本粒子,但原子核更为复杂,由质子和中子构成。在这两种粒子中,质子于20世纪早期被发现,而中子的发现一直要到1932年。尽管原子物理这门学科起始于卢瑟福,原子物理——作为对原子核属性的研究——一直到发现了中子之后才开始。

我们在第 11 章中指出,在质子和中子之间必须存在一个额外的力,因为质子之间的电力是斥力,而电中性的中子之间不存在电力。我们把这个额外的力称为强力或强相互作用(尽管作为一个整体而言,中子是电中性的,不过在中子之间存在着正电荷和负电荷的分布。中子还有磁性,会受到磁力的影响)。所以,要是没有强力将其稳固在原子核中间,质子和中子便会成为一盘散沙。原子核内各个粒子之间的强力显然是引力而不是斥力。质子和中子在强力的作用下表现出相似的特性,其质量之差也不过 0.1% 多一点。正如第 11 章中所说,出于二者的相似性,质子和中子被统称为核子。

可以推断出,中子要比质子重,因为一个自由中子会衰变成一个质子加一个电子和反中微子,而不是质子衰变成一个中子加其他粒子。出现这种情况是由于能量守恒定律。一个静止中子的能量是 m_nc^2,m_n 为中子的质量,c 为光速。这一静止能量肯定等于质子、电子和反中微子的静止能量加上它们动能之和。因此,中子的静止能量要比质子大,所以中子的质量比质子大。

我们知道,两个带有相同电荷的粒子之间的电力是相斥的,且电力的大小与距离的平方成反比(库仑定律)。另一方面,当核子位于原子核内时,强力很大,但当核子之间的距离增大时,强力迅速减弱到将近不存在。

这样的事实会带来什么样的后果呢? 我们可以从氢分子中窥见一二。氢分子由两个氢原子构成,普通氢原子的原子核就是一个质子。在氢分子中,两个原子之间的平均距离约为一亿分之一米(10^{-10} m)。这个距离足以让两个原子核之间感受不到强力,所以是电磁力将两个原子吸引到一起组成分子。我们将这种连接称为"化学键",以便区分原子核中核子的"核聚合"。

实验证明,核子之间强力的"范围"是 10^{-15} 米多一点。一旦超过了这一范围,强力马上锐减至 0。1935 年,日本物理学家汤川秀树(1907-1981)提出核子之间的强力来源于核子之间"介子场"的交换。介子场中的量子即为介子(meson)。根据强力的作用范围,汤川秀树能够预测出介子的质量。

汤川秀树的推断是这样的:因为不存在隔空作用,所以两个核子之间的力肯定产生于核子之间的场。若这个场中的粒子像光子一样没有质量,那么这个力的大小便服从 $1/r^2$ 的规定。服从 $1/r^2$ 的力据说具有无限大的作用范围。例如,引力服从 $1/r^2$,所以相隔几十亿千米的星系之间会相互施加吸引力。

然而,如果量子有质量,那么量子间作用力的范围必须是有限的。原因便是海森堡的不确定原理。如果一个核子释放出质量为 m 的量子,那么在这一过程中能量是不守恒的,因为至少多出了释放出的粒子的静止能量 mc^2。当然,从长远来看能量必须守恒,但在短期内,能量守恒是可以被打破的,只不过必须符合海森堡不确定关系 $\Delta E \Delta t \leqslant \hbar/2$。在短时间 Δt 内,粒子最大的运行距离为 $c\Delta t$,这就是力的作用范围。被释放出的粒子的质量 m 越大,它违背能量守恒的时间越短,其作用力的范围也就越小。知道核子之间作用力的大概范围后,汤川秀树便能够使用海森堡不确定关系预测被交换的介子的质量。当介子(现在更名为 pion,中文仍叫介子)在 1941 年被发现时,其测量质量与汤川秀树所预测的非常接近。

许多年来,介子一直被认为是强力的基本承载粒子。然而,自从穆里·盖尔曼和乔治·茨威格于 1964 年分别提出中子和介子不是基本粒子,而是由"夸克"(盖尔曼)这种基本粒子构成后,强力的图景便开始发生改变。1971 年,人们开始根据夸克和一种叫作"胶子"的无质量作用力载体的场理论来解释强力。在下一章的基本粒子标准模型中,我们将看到夸克之间的基本强力在强度和性质上与核子之间的作用力是不同的。我们将弄清楚为什么这个力的作用范围这么小,而不是服从 $1/r^2$ 的规定。

15.2 原子核

在很多情况下,核子之间的力是吸引力。由于这种吸引力,当质子与中子紧靠在一起,其距离小于力的作用范围时,质子和中子便能相互连接,形成一种叫作"氘核"的原子核,并在这一过程中释放出一个光子。氘核的静止能量要小于自由质子和中子的静止能量之和,两者之间的能量差即为"结合能"。为了将质子和中子分开,氘核需要吸收大于或等于结合能的能量。如果吸收了多余的能量,这些能量便可以转化为质子和中子的动能。

　　质子和中子结合成氘核的部分过程被认为发生于它们之间交换介子之时。当交换一个中性介子时,质子和中子的身份不变。然而,当质子释放出一个带正电的介子时,这个质子就变成了中子,而吸收了介子的中子就变成了质子。同样地,中子也能释放出带负电的介子从而变成质子,而吸收了这个介子的质子就变成了中子。图 15.1 展示了这两种交换。图中,质子和中子用实线表示,介子用虚线表示。直线描述了粒子的运动,空间(只表示出一维)由左至右绘制,时间则从下到上绘制。这种图被称为费曼图,以物理学家理查德·费曼的名字命名。费曼原本是用这种图来描述电子、正电子和光子之间的相互作用。我们将在下一章中讲到。

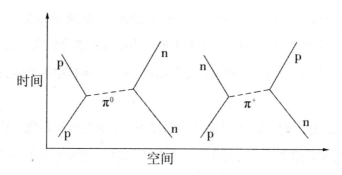

图 15.1　质子和中子之间介子的两种交换方式。质子是 p,中子是 n,中性介子是 π^0,带正电的介子是 π^+

　　氕核跟普通的氢原子核一样只有一个质子。因此,原子核是氕核的中性原子也像普通的氢原子一样,在原子核之外只有一个电子。我们在前面讲过,原子核是氘核的原子被称为氘或重氢。我们还说过,氢还有一种更重的形式,其原子核中除了有一个质子,还有两个中子。这种氢被称为氚,它的原子核叫作"氚核"。

　　我们之前说过,质子数量相同而中子数量不同的原子被称为同位素。尽管同一种化学元素的同位素具有不同质量,它们的化学特性却十分相似,因为一个原子的基本化学特性是由它所包含的电子数量所决定的,而在中性原子中,电子和质子数量相等。

随着构成原子核的核子越来越多,原子核的结合能变得越来越大,直到达到一个顶点。所以,碳、氢等原子的原子核十分稳定,不会解体成它们各自的核子。随着原子核越来越大,跟着变大的不仅是原子核的整个结合能,还有每个核子各自的结合能。核子之间的作用力非常复杂,所以结合能的大小很难计算。不过,大多数情况下,结合能还是可以计算出来的。

构成原子核的核子继续增加。这时,每个核子的结合能不会一直不停地增加下去,而是有一个最高点。这是因为,核力的范围是有限的。当原子核所包含的核子越来越多时,其体积也越来越大。结果,位于原子核外端的核子最终会无法接收到另一端核子的作用力。然而,原子核中两个质子之间相互排斥的电力(库仑力)有无限的作用范围,所以原子核中所有的质子都能感受到这个斥力。最终,在足够大的原子核中,库仑力的斥力尽管比核力的吸力弱很多,却最终因为其范围更广而战胜了核力。正因如此,一个原子核中不可能包含无限多的质子。

这时也许你会想,原子核中的中子数量为什么也是有限的呢?这与核力的一些细节有关。两个核子之间作用力的强度取决于这两个粒子的量子态。原来,有些允许存在于一个质子和一个中子之间的量子态由于泡利原理的原因而不能存在于两个质子或两个中子间。两个质子或两个中子无法共存的量子态恰巧是一个质子和一个中子之间作用力最大时候的量子态,因此才有质子和中子之间的结合。但这个作用力还没有强到能够将一群处于合适状态的质子或中子聚合成一个原子核。对于相对较小的原子核,如碳原子或氢原子的原子核,最稳定的状态便是拥有相同数量的质子和中子。在像金原子核这样的大型原子核中,中子数量比质子多,因为质子之间的斥力使得质子数量相对中子而言要少。

结果就是,每个核子的结合能随着核子数量的增加而增大,直到达到一个顶点,而这个顶点便是^{56}Fe,铁的一个同位素。然后,随着核子数量的进一步增加,单个核子的结合能逐渐减弱,最终,原子核变得不稳定,衰变成一个核子数量较少的原子核。在这种衰变中,能量、电荷以及核子数都是守恒的。

15.3 核聚变

构成太阳的绝大部分物质为氢元素的同位素^{1}H。在太阳的核心中,大部分的氢原子与它们的电子是分离的,以质子的状态四处游离。在适当条件下,4 个质子能经过多个步骤之后融合成一个氦原子核——两个质子和两个中子的结合状态。

在这些聚变过程中会释放出巨大的能量。强相互作用和弱相互作用都在这一过程中有所作为。每当释放出一个中微子时,就会有弱相互作用发生。氢聚变为氦的结果便是,之前的 4 个质子会损失不到 1‰ 的质量。根据爱因斯坦的质能转化公式 $E=mc^2$,这一小部分质量能转化成巨大的能量。

在聚变反应中释放出的两个正电子会通过电磁反应与两个负电子对撞发生湮灭而产生带有能量的光子。光子被太阳吸收后,太阳释放出能量较低的光子。在经过多次吸收和释放后,光子的能量逐渐减低。最终,大部分的电磁能都以可见光等形式向虚空辐射出去。中微子带着极少的相互作用逃离太阳,其中的一部分到达地球,我们能通过大型科学设备检测出来。我们的眼睛对中微子不敏感,因此我们看不见它们。每秒钟,都有几十亿颗来自太阳的中微子击中我们的身体。但是由于中微子的相互作用十分微弱,所以几乎所有击中我们身体的中微子都会直接穿过,并不会发生任何的相互作用。事实上,绝大多数击中地球的中微子也都是穿过地球,不会产生任何影响。

那么,氢聚变成氦需要具备哪些条件呢?质子必须有巨大的动能,才能克服由于电荷相同而产生的相互排斥的电力,到达各自强力和弱力的作用范围之内。在恒星——包括太阳——的内部,这些条件都具备。事实上,氢聚变成氦这一过程是产生太阳能量的主要相互作用。当然还有其他的聚变,不过它们在太阳里面发挥的作用很小。

核聚变发生在太阳的核心，那里的温度高达约 1 千万 K。（大概 1800 万华氏度）。核聚变同样发生在恒星中。恒星就像太阳一样，由于核聚变而释放出电磁辐射，从而产生亮光。

为了在地球上通过聚变反应获得可控制的能量，人类做出了巨大的努力。不过，至今还没有发现任何经济节约的方法，尽管人类确实实现了核聚变，比如说氢弹的发明。

目前，人类实现可控核聚变的努力主要集中于在一个"聚变反应堆"中将两个氚原子核融合在一起，根据就是

$$^3H + {}^3H \rightarrow {}^4He + 2n,$$

其中 H 和 He 是氢和氦的化学符号，左上标为原子核的核子（质子和中子）数，n 代表中子。核反应所释放出的能量为传统化学反应的一百多万倍。

正常温度下的氢气是不会发生聚变的，原因是氢原子核没有足够的动能来克服它们之间相互排斥的库伦力，因而无法将距离缩短到核力能发生作用的范围内。所以无法导致聚变。要想发生聚变，氢必须加热到足够高的温度，这个温度为几百万度。没有任何容器能够承受如此高温。在太阳内，引力可以将物质聚集在一起，但对于地球上的聚变反应堆而言，引力可以忽略不计。因此，地球上最靠谱的方法就是将氢加热到一定温度，使其实现离子化，或者换句话说，使电子脱离原子核。离子化的气体被称为"等离子体"。

在进一步加热等离子体时，有必要防止粒子撞击容器的内壁，因为如果出现这种情况，内壁就会发生气化。不过，因为离子是带电粒子，所以可以用电磁场来控制它们的路径。首先，我们需要将粒子加热到足够高的温度；然后，让粒子在电磁场中循环足够长的时间，最后彼此碰撞而发生聚变。我们已经能够制造出小规模的聚变，但要制造出足够的聚变以达到经济节约的目的，我们还有很长一段路要走。

在氢弹中，我们并不需要担心容器会发生气化。一旦发生不可控聚变，氢

弹的容器就会被气化,不过这对核爆而言是计划之中。在氢弹中有一个和氢放在一起的普通原子弹,引爆了这个原子弹后,高温会使得氢发生聚变。这个"普通"的原子弹是一个"裂变"弹,我们将在两节之后进行讨论。

15.4　关于放射性的其他问题

放射性的发现者是法国物理学家安东尼·亨利·贝克勒尔(1852－1908)。他在 1896 年发现,一种铀化合物能使黑暗中的感光底版发生感光。他推断,发生这种情况的原因是铀能产生某种辐射。这一效应便被称为放射。

发生放射的原因是什么? 我们之前说过,在原子核中,因为质子受到库仑力这一斥力的作用,所以核子的数量是有限的。而库仑力的作用范围是无限的,因此随着质子数量的增加,最终斥力的作用会超过作用范围有限的核力这一吸力的作用。而且,强力的本质规定,一个原子核中的中子数量不能大大超过质子数量,所以根本不存在含有 100 个质子和无限多中子的原子核。

当原子核变得很重(包含了超过 200 个核子)时,原子核便有释放辐射的能量趋势,以此来减轻自己的重量。例如,铀最常见的同位素能通过释放 α 粒子(一种包含两个质子、两个中子的氦原子核)而自发衰变成$^{234}_{90}$Th(钍元素)。我们可以说铀是母核而钍是子核。^{238}U 的半衰期约为 45 亿年(4.5×10^9 年),这恰好约等于地球的年龄。

钍自身是不稳定的,它会通过 β 射线衰变成另一种元素。这一衰变是通过弱相互作用实现的,但钍的半衰期有可能仅有 24 天。因此,我们知道相互作用的强弱仅仅是决定一个不稳定元素半衰期长短的诸多因素之一。钍衰变后形成的物质同样也不稳定。在经历了一系列的 α 射线和 β 射线辐射后,最初的铀最终变成了铅的一种稳定的同位素。由此可见,原子核的自然放射是一个元素转化成另一种元素的一种方式———一种自然的炼金术。

通过观察铀和它衰变后形成的物质,我们就能解释 α 射线和 β 射线的自然放射性。那么 γ 射线呢? γ 射线是一种放射性原子核释放出的高能光子。它不会将一种原子核转变成另一种。有时,在放射性衰变过后,子核会处于一种激发态(一种比最低能态,即基态的能量要高的状态)。当这一情况发生时,子核便可能会释放出 γ 射线,转换到一种较低能态,而这个较低能态可能是、也可能不是基态。γ 射线的释放是通过电磁相互作用实现的。

15.5 核裂变

尽管放射性原子核通常是通过释放 α、β 和 γ 射线来进行衰变,它们中的某些有时也通过分裂成两个较轻的原子核来完成这一过程,我们将这种分裂称为"自发核裂变"。^{235}U 的同位素比更加常见的 ^{238}U 少 3 个中子,它有时会经历自发核裂变。当^{235}U 的原子核发生自发核裂变时,它不仅释放出两个较小的核,而且会释放出一个或多个自由中子。若其中的某个自由中子撞击了另一个^{235}U,这个自由中子会导致它发生"诱发"核裂变。在裂变过程中所释放出的能量是两个原子间化学反应释放出能量的一百多万倍。

从地下开采出来的自然形成的铀中,99%以上是^{238}U,只有不到 1‰的^{235}U。由于^{235}U 十分稀少,所以从中释放出的自由中子^{235}U 更有可能撞击到^{238}U 而不是另一个^{235}U。不过,如果通过某种方式将^{235}U 从^{238}U 中分离出来(我们将这一过程称为核浓缩),那么在自发核裂变中释放出来的中子就能诱发剩下的原料发生核裂变,引发"连锁反应"。这种连锁反应会导致发生核爆炸,这就是核弹的原理。

少量的^{235}U 不会自发爆炸,因为许多中子在到达原料的表面后,在诱发裂变前迅速逃开了。为了成功引发爆炸,我们必须准备达到所谓"临界质量"的核原料,这样的话,大部分的中子才会去诱发其他原子核的裂变而不是逃离。

铀原子弹的原理就是,将高度浓缩的铀分成两部分,每个部分都低于临界质量,因此不会发生爆炸。然后,引爆一个常规化学炸弹,化学炸弹的爆炸力使得两块铀撞击在一起变成一块铀,这块铀便会高于临界质量,自然而然地发生核爆炸。

由于^{238}U 和^{235}U 是同一种化学元素不同的同位素,所以我们是无法通过化学手段将两者分离开来的。因此,我们需要通过物理手段,利用两者不同的质量分离它们。第一个办法是气体扩散。将铀与另一种元素混合,形成一种气体,然后将这种气体在一种多孔材料中扩散开来。质量轻的气体扩散快,质量重的气体便被落在后面。这个过程需要重复许多次,每次都能让质量轻的原料发生小规模浓缩。另一种方法是使用离心机来使原料发生旋转。质量重的气体在旋转中被甩到外层,将浓缩原料落在后面。这一过程同样也需要重复许多遍。

我们并不总是让铀发生爆炸,我们也可以在核反应堆中通过可控方式对其进行"燃烧"。如果将自发核裂变中释放出的中子减速,那么减速后的中子同样能使^{238}U 经历诱发核裂变。反应堆正是利用了这一点。于是,我们在反应堆中会用到一种叫作"减速剂"的物质来对中子进行减速。这种减速剂有时是重水(氧与氘而不是普通氢构成的水),有时是石墨(碳的一种形式)。为了避免在反应堆中发生不可控连锁反应从而导致核爆炸,核反应堆中有一个非常关键的装置用来控制撞击铀的中子数量,这个装置是一个用可以吸收中子的材料做成的控制棒。将控制棒插入反应堆,核反应便会减速,将控制棒拔出一部分,核反应便会加速。将控制棒的深浅调整到恰到好处,核反应便处于控制之中。核反应堆中产生的热量可用来发电,就像火电厂一样。

在核反应堆中,铀会转化为钚。钚的同位素自身也是一种可裂变原料,既可用于反应堆也可用于核弹。钚和铀是不同的化学元素,所以可以通过化学手段将钚从铀中分离出来。由于钚的某些化学特性,我们不能通过碰撞两块钚而使其发生核爆。正确的方法是,制作一个中空的钚球,将化学炸药置于球体周围。点燃炸药,钚球便会"内爆"从而超越临界质量,由此引发核爆。

"二战"期间,美军在日本领土内投掷了两颗原子弹,其中,铀弹于 1945 年 8 月 6 日摧毁了日本广岛市,而钚弹则在 3 天后摧毁了长崎市。两颗核弹共夺走了约 20 万条生命,其中大部分是妇女、儿童和老人,因为绝大多数的年轻男性都加入了日本侵略军的队伍。从那以后,尽管世界上进行过多次裂变核弹(原子弹)和威力更甚的聚变核弹(氢弹)试验,核武器再也没有被用于人类之间的杀戮。

第16章

基本粒子

向麦克老人三呼夸克!

——詹姆斯·乔伊斯(1882—1941)的小说《芬尼根守灵夜》

16.1 什么是基本粒子

某个粒子是不是基本粒子这一问题只能在某一理论的具体语境中得到解答。例如,在牛顿引力理论的语境中,地球和太阳就可被近似地视为点状的基本粒子,它们之间的相互吸引使得地球在椭圆形轨道上围绕太阳运动。当然,在回答其他问题,例如是什么使得太阳发光或为什么地球上会有潮汐时,我们又必须将太阳和地球视为混合物体。

举一个微观领域的例子。某种稀薄的气体可被视为由点状的分子构成,且分子的结构不会对气体的总体属性产生影响。但如果我们深入研究分子的结构,我们会发现分子也是复合粒子。

到目前为止,我们判断一个粒子是否是基本粒子的最好方式是参照所谓的

128

"基本粒子标准模型",或简称为"基本模型"。将其称为模型而非理论,一来是由于历史原因,二来是因为大多数物理学家认为对基本粒子的研究远未结束。

根据基本模型,分子是由原子构成的复合粒子。同时,原子核也是复合粒子,由质子和中子构成。质子和中子也是复合粒子,其构成成分是夸克。根据标准模型,夸克是基本粒子。电子在该模型中也是基本粒子。

但是,电子和夸克并不是标准模型中仅有的基本粒子。在将基本粒子一一列举出来之前,我们首先回顾一下标准模型的发展历程。

16.2 基本强力

在前面的章节中,我们对核子(质子和中子)之间的强力进行了探讨。但我们现在知道,核子并不是基本粒子,而是由夸克这种基本粒子构成。夸克这一名字是盖尔曼取自詹姆斯·乔伊斯的小说《芬尼根守灵夜》,因为在这部小说中有 3 个夸克("向麦克老人三呼夸克"),而在盖尔曼的原始模型中有且仅有 3 种不同类型的夸克。我们现在知道夸克的种类不止 3 种,但在这一理论中,"3"这个数字依然具有重要意义。例如,在简化版的现代粒子理论中,一个核子(质子或中子)就是包含 3 个夸克。

核子中的夸克分为两类,人们给这两种夸克起了非常古怪的名字——"上夸克"和"下夸克",分别用 u 和 d 指代。质子由两个上夸克和一个下夸克构成,所以是"uud",中子由两个下夸克和一个上夸克构成,所以是"ddu"。中子比质子重的原因就是 d 夸克比 u 夸克重。这一事实仅仅是在间接测量中得出的实验结论,目前还没有科学的解释(这一测量只能是间接的,因为到目前为止仍无法观察到自由夸克,所以也就不能直接测量它的质量)。

介子是由一个夸克和一个反夸克构成。介子有三种电荷态。π^+ 是 u ,π^-是 d ,而 π^0 是 u 和 d 的等价组合。π^+ 和 π^- 互为反粒子,π^0 是自己的反粒子。介子不稳定,会迅速衰变成质量更轻的粒子。π^+ 一般衰变成 $\mu^+ + \nu_\mu$,平均寿命为 2.6×10^{-8} 秒,其中 μ^+ 是一种叫作"μ 介子"的带电粒子,而 ν_μ 则是与 μ 介子相联系的中微子。我们将在下节中进一步讨论这些粒子。π^- 一般会衰变成 μ^- $+\nu_\mu$，寿命与 π^+ 相同。π^0 衰变成两个光子，寿命为 0.8×10^{-16} 秒。

在我们现在看来，基本强力并不是存在于核子之间或核子与介子之间，而是存在于夸克之间。强力十分强大，能将夸克固定于核子或介子之中。这就是尽管强力的承载物没有质量，但强力在小范围内仍然能起作用的原因。核子之间或核子和介子之间的力仅仅是基本强力残留的效应，我们将在第 4 节对这一点进行详细讨论。

16.3　弱力

我们之前说过，中子和质子并不是基本粒子，而是由夸克组成。在夸克的层面上，一个中子衰变成一个质子是因为中子中的一个 d 夸克通过弱力衰变成 u 夸克。这一作用可表述为：

$$d\rightarrow u+e^-+\bar{v}_e$$

在上面的公式中，我们在反中微子的右下角加上了一个 e 的符号，这是用来表示这个中微子与电子有关。如果在相互作用中同时产生了一个电子和一个中微子，那么这个中微子即为电子型中微子。

事实上，我们已知的中微子共有三种。第一种与电子有关，其他两种与类似电子但质量远大于电子的带电粒子相关。这种质量较大的带电粒子即 μ 介子(μ^-)和 τ 介子(τ^-)。τ 介子又被称为"陶子"。μ 介子和 τ 介子不稳定，通过弱相互作用发生衰变。μ 介子的衰变可表述为：

$$\mu^-\rightarrow e^-+e+\nu_\mu$$

需要注意的是，整个衰变过程中电荷是守恒的。同样需要注意的是，衰变中释放出两个中微子，其中一个是电子型(反)中微子，而另一个是 μ 介子型中微子。μ 介子的平均寿命约为五十万分之一秒(2×10^{-6}秒)，比中子的寿命短得多。两者的寿命都可通过弱相互作用近似地计算出来。τ 介子的寿命比 μ 介子还要短。实际上，尽管 μ 介子的寿命很短，但 μ 介子的寿命是 τ 介子的约 1000

万倍。

　　也许你会感觉很奇怪,同样是因为弱相互作用而发生衰变,为什么 n、μ 和 τ 的寿命相差如此之大? 原因就是,除了弱相互作用之外,还有其他因素(我会简要说明)影响衰变粒子的寿命。不同的衰变粒子最后也会衰变成不同的粒子。

　　决定一个衰变粒子寿命长短最重要的因素之一便是衰变中释放动能的大小。如果衰变后所形成粒子的质量总和仅稍小于衰变前的粒子(如中子),那么衰变形成的粒子所获得的动能则十分少。同等条件下,最终状态的动能越少,衰变粒子的寿命越长。这一事实由量子力学的计算法则所得。这一基于计算得出的法则还有另一种更加令人信服的表达形式:如果衰变所形成的粒子质量之和大于衰变前的粒子,那么最初的粒子根本就不可能发生衰变,因为如果衰变,能量就不守恒了。因此,衰变形成的粒子的动能越小,衰变粒子的寿命便越长;当动能为 0 时,寿命变得无限长,也就是说,根本没有发生衰变。至今为止,我们尚未发现有衰变前后质量完全相等的物质。最终粒子的质量之和要么小于初始粒子,这时衰变发生且最终粒子获得动能;要么,最终粒子的质量之和大于初始粒子,这时衰变不会发生。

　　带电粒子 e^-、μ^- 和 τ^-,以及中性粒子 ν_e,ν_μ 和 ν_τ 被统称为"轻子"。现在,我们了解了 6 个轻子的存在,包括 3 个带电轻子和 3 个中性轻子。同样,也存在 3 个不同的带电反轻子,但我们仍然不知道 3 个中性反轻子与 3 个中性轻子是否一样。

　　我们所知道的轻子共有 6 种,而夸克也分 6 种,按质量从小到大排列为上夸克(u)、下夸克(d)、奇夸克(s)、粲夸克(c)、底夸克(b)和顶夸克(t)。它们的名字是约定俗成的,与夸克的性质无关。所有的夸克和带电轻子都参与电磁相互作用,而所有夸克和轻子都参与弱相互作用。不过,参与强相互作用的只有夸克而没有轻子。目前,我们知道弱相互作用的范围甚至比强相互作用的范围还要小。

　　下一节中我们将看到,弱、强和电磁相互作用被构建在标准模型的框架内。

16.4　标准模型

标准模型是一种量子场理论，这就是说该理论中的粒子是场量子。标准模型包括量子电动力学，在该领域，电磁场的量子是光子，而电场的量子是电子（以及电子的反粒子）。不过，电磁场和电场仅仅是构成标准模型的量子场中的两个。其他的量子场还包括强力和弱力相应的量子场，以及电子之外其他物质的量子场。我们将在之后对这些场进行讨论。

引力被排除在标准模型的框架之外，但是量子引力场的存在是有可能的，只是到目前为止，构建一个引力的量子理论依然困难重重，还没有一个理论被广泛接受。目前最好的引力理论是爱因斯坦的广义相对论，但由于它是非量子化的，所以广义相对论仍被视为经典理论而非量子理论。当其他类型的相互作用的理论都已实现量子化，而引力理论却是个例外时，就会出现连贯性的问题，所以许多科学家在尝试着对广义相对论进行修改，使其实现量子化。在最后一章中，我们将对其中的一个尝试进行简要探讨。

标准模型的各个力场中包括电磁场，光子是电磁场的量子。电磁场承载着带电粒子，如光子之间的力。理论要求光子的自旋为1，而这恰好是它们的测量值。在模型中，光子的质量为0，而目前最精准的实验证明光子的质量确实是0。光子只有一个种类，但它具有多种多样的能量（或频率）。我们在之前说过，一个光子的能量 E 与它的频率 f 成正比——$E = hf$，其中 h 为普朗克常数。

关于电磁场与带电粒子相互作用的理论被称为"量子电动力学"，因为这一理论是一个动力学理论，与力（相互作用）和运动有关，而且因为在该理论中场实现了量子化，变成了粒子。图 16.1 是电子和正电子与光子相互作用的费曼图。a 中，电子之间交换了一个光子，所以电子分散开了。b 中，随着两个光子的诞生，一个电子和一个正电子发生了湮灭。我们用 e^- 表示电子，用 e^+ 表示正电子，用 γ 表示光子。

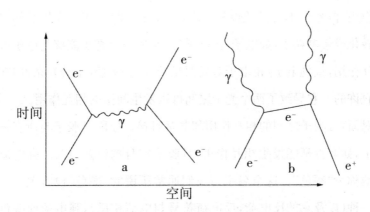

图 16.1　电子和正电子与光子相互作用。a 中,两个电子通过交换一个光子而发生分散。b 中,一个电子和一个正电子湮灭成了两个光子。

图中,电子和正电子用直线表示,光子用波浪线表示

受到强力作用的粒子包括质子和中子,两者都是原子核的构成物,且自旋都为 1/2。在标准模型中,质子和中子都是复合态,都由 3 个基本粒子——夸克构成。夸克是物质场,自旋为 1/2。根据量子力学中自旋相加的规则,奇数个自旋为 1/2 的粒子所组成的新粒子的自旋必须是以 2 为分母,以整数为分子的数字。质子或中子中 3 个夸克之间的力决定了质子和中子的自旋都为 1/2。原则上它们可以拥有更高的自旋(量子力学的规则允许它们的自旋可以是 3/2,但是,正如我刚才所说,夸克之间的力最终将自旋确定为 1/2),但它们的自旋不能是 0 或 1。

正如自旋—1 电磁场是带电粒子之间存在电磁力的原因,自旋—1 强场也是夸克之间存在强力的原因。不过,强场和电磁场之间存在着质的差别。若给一个电磁束缚态,如氢原子提供足够的能量,那么它的电子将松脱质子的束缚自由飘走。然而,没人能够将一个夸克从质子或中子中轰走。物理学家认为,这是因为强力的束缚十分强大,以至于我们观察不到自由夸克的存在。也许正是这个原因,强场又被称为"胶子场",是"胶水"将夸克紧紧地粘在核子里面。

强相互作用和电磁相互作用之所以表现出截然不同的特性,是光子(电磁场的量子)和胶子(强场的量子)之间存在深刻的差异。光子与所有带电粒子都

能发生作用,但光子本身是中性的。因此,光子之间的相互作用是间接的。光子可以转化成带电粒子,如电子/正电子对,而另一个光子能够与电子或正电子发生相互作用,直到电子/正电子对变回光子。这一过程十分复杂,但在量子力学中是允许的。它导致了两个光子之间可以发生间接的相互作用。

相对而言,胶子之间的相互作用却非常直接。原因是胶子与所有携带强电荷的粒子,如夸克都能发生相互作用,且胶子本身携带强电荷。强电荷有时也被奇怪地称为"颜色"。这个名字与我们通常所说的"颜色"没有关系。尽管电荷只有一种(以及它的反电荷,反电荷符号与电荷相反),强电荷或颜色却有三种,分别用"红"、"绿"、"蓝"表示。不过,更恰当的一种表示方法也许是将它们称为"强电荷-1"、"强电荷-2"和"强电荷-3",不过在这里我们仍将采用更为广泛的颜色指代法。同样,反颜色也有 3 种。

理论上,一个夸克,如 u 夸克包含三种颜色。因此,上夸克分为红 u 夸克、绿 u 夸克和蓝 u 夸克。因为颜色粒子的强相互作用理论与量子电动力学理论十分相似,所以强相互作用理论被称为量子色动力学。

在电磁场中,带电粒子能与其反粒子(如一个电子和正电子)湮灭而产生一个光子。同样,颜色粒子,如夸克也能与反 u 夸克($\bar{u}$ 夸克)一同湮灭成一个胶子。这一湮灭过程能够说明光子和胶子之间的差异。

假设在电子和正电子的湮灭过程中产生了一个光子。因为在该理论中电荷守恒,所以产生的光子必须呈电中性——电子和正电子的相反电荷在湮灭中相互抵消了。

现在,我们假设在一个 u 夸克和一个 $\bar{u}$ 夸克的湮灭中产生了一个胶子。正如电荷守恒,颜色也是守恒的。假设一个红 u 夸克和一个反绿 $\bar{u}$ 反夸克发生湮灭,那么产生的胶子的颜色不可能是中性的,而必须是红-反绿。3 种颜色和 3 种反颜色组合在一起,总共有 9 种可能性。有些人可能会天真地以为总共有 9 种不同种类的胶子,这种猜测是不正确的。9 种可能性中有一种组合的颜色呈中性,所以并不属于颜色胶子。理论上,总共有 8 种不同的胶子,每一种都有颜色(以及反颜色)。因为胶子理论上能与所有的有色粒子相互作用,所以胶子之间可以发生直接的相互作用。

图 16.2 中,我们将(a)一个电子和一个正电子湮灭成一个光子与(b)一个夸克和一个反夸克湮灭成一个胶子在同一张费曼图中进行对比。a 中的湮灭不能在自由空间中发生,因为自由空间中无法存储能量和动量,但是可以在另一个带电粒子的边上发生。b 中的湮灭同样也无法在自由空间内发生,不仅仅因为无法存储能量和动量,而且因为夸克和胶子被限制在像质子和介子这样的强相互作用粒子的内部。a 中,因为电子和正电子的电荷相反且电量相等,所以光子必须是电中性才能使得电荷守恒。b 中,因为夸克是蓝色(举个例子)而反夸克是绿色,所以胶子必须是蓝—反绿才能使得颜色守恒。

我们在之前说过,质子和中子都是由 3 个夸克构成的复合粒子,这 3 个夸克分别是红夸克、绿夸克和蓝夸克。质子和中子的波函数决定它们二者都是这 3 种有色夸克组合而成,但其自身是中性色粒子。人们相信——尽管在理论上没有有力的证据——只有中性色粒子能够以自由粒子的形式存在。夸克和胶子有颜色,所以就只能牢牢地束缚在中性色粒子内部。这就是尽管胶子没有质量,但夸克间的强力没有遵循 $1/r^2$ 的原因。

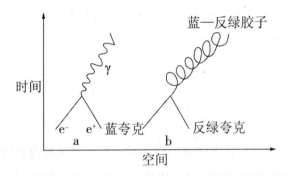

图 16.2　a　一个电子和一个正电子湮灭成一个电中性的光子。b
一个蓝夸克和一个反绿夸克湮灭成一个蓝—反绿胶子。这两种相互
作用都无法发生在自由空间。如图,胶子通常被画成一个弹簧

由夸克、反夸克和/或胶子构成的中性色粒子被统称为"强子"。质子和中

子仅仅是强子中的两种，不过它们十分重要，因为它们构成了原子核。包含3个夸克的强子，如质子和中子，被称为"重子"，而包含一个夸克和一个反夸克的强子就是"介子"。量子场理论认为，如果存在某个粒子，那么肯定存在这个粒子的反粒子。因为存在重子和介子，所以应该存在反重子和反介子。事实上，我们观察到的许多强子的反粒子已经在实验室里被创造了出来。

人们发现的第一种介子就是所谓的 π 介子，或派子。它在 1941 年被发现于宇宙射线中。宇宙射线中包含各种各样来自外太空的辐射，其中的一些会到达地球大气层。然而，派子的平均寿命非常短，因此它不可能来自外太空。实际上，派子是在原始宇宙射线击中地球大气层中的原子核时产生的。原始宇宙射线中有许多是质子，但其他种类的粒子也会撞击地球大气层。

派子有三种状态，分别携带正电荷、负电荷或呈电中性。派子的质量约为质子质量的 1/7。在发现了派子后，又相继发现了许多其他种类的介子和重子。所有的介子都不稳定，所有的重子也一样，质子除外。衰变的最终产物是稳定粒子，包括质子、电子、光子和中子。稳定粒子不一定就是完全稳定，有些粒子也会衰变，只是平均寿命长到无法观察到它们的衰变。如果质子不稳定，那么它的平均寿命会比宇宙的年龄——140 亿年——还要长得多。人体内就有如此多的质子，以至于如果它们的寿命比宇宙的年龄要短，人类将立刻死于身上质子衰变产生的辐射。

质子为何如此稳定？物理学家总喜欢刨根问底。穆里·盖尔曼喜欢引用物理学中的"极权原理"："任何没有被禁止的事情肯定会发生"。如果质子不会衰变，那么肯定有它不衰变的原因，只是我们现在不知道而已。不管怎样，物理学家发明了一个守恒定律来解释为什么质子没有发生能观察到的衰变。这一定律被称为重子数守恒定律。这一定律的内容是，重子的数量减去反重子的数量随着时间变化而保持不变。不过，有种说法是，重子数守恒定律并不是确切的，因为它在早期的宇宙条件下是不成立的。正因如此，我们现在宇宙中的重子才会比反重子多这么多。质子和中子都是重子，它们的重子数都等于1。注

意,当一个中子衰变时

n→p+e⁻+v̄ₑ

当一个重子(中子)被摧毁时,另一个重子(质子)被创造出来,因此重子数总体保持不变。

我们接下来看弱相互作用。弱相互作用的承载物为"弱玻色子"。有一种带电弱玻色子,我们称之为 W⁺,它的反粒子是 W⁻,而电中性的弱玻色子是 Z。Z 与它的反粒子相同,在这一点上很像光子。和光子不同,W 玻色子和 Z 玻色子质量很大;W 玻色子的质量约为质子的 85 倍,而 Z 玻色子的质量则约为质子的 97 倍。

正因为 W 和 Z 的质量大,所以弱相互作用才表现得这么弱。根据量子场理论,两个物质粒子间的弱相互作用是通过往来于两个粒子之间的 W 玻色子或 Z 玻色子进行传递的。但如果一个粒子释放出一个 W 玻色子或 Z 玻色子,那么能量就不可能守恒,因为至少要创造出 mc^2 的能量才能生产出 W 或 Z,m 为 W 或 Z 的质量。尽管能量整体而言保持守恒,但海森堡不确定原理允许在短时间 t 内违背能量守恒,只要被创造出来的能量 E 和违背能量守恒的时间 t 满足不确定关系 $Et = \hbar/2$。但是当 W 或 Z 被产生出来时,能量 E 的值非常大,因为质量 m 非常大($E = mc^2$)。而因为 E 非常大,所以 t 就只能很小。W 或 Z 往来于物质粒子间的时间很短,所以它们走不了多远。这就意味着仅当两个物质粒子距离很近时,它们之间的相互作用才是有效的。由于两个物质粒子距离很近的情况很少发生,所以相互作用也很少发生,于是这种相互作用看上去就很微弱。因此,弱相互作用的"弱"指的是它的作用范围很小。

我们所讨论的物质粒子包括上夸克(u)、下夸克(d)、电子(e⁻)及其中微子(vₑ)。除了 vₑ,其他的粒子都是常规原子的成分。vₑ(实际上是反中微子)通常是在某些不稳定原子核发生衰变时被释放出来。当一个不稳定原子核通过释放 1 个电子和 1 个反中微子来发生衰变时,其基本过程为原子核中某个中子内的 1 个下夸克转变成 1 个上夸克,释放出 1 个 W⁻ 玻色子。之前的中子(成分为

ddu)变成了质子(成分为 udu),而从下夸克转变而来的上夸克就牢牢地固定在这个质子内部。W⁻ 玻色子则消失不见,创造出 1 个电子和 1 个ₑ。图 16.3 显示了这一基本过程。

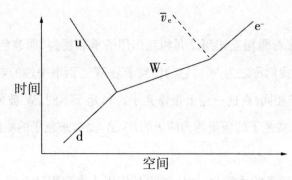

图 16.3　下夸克衰变成上夸克、电子和反电子中微子以及昙花一现弱

玻色子 W⁻。中微子或反中微子用虚线表示

在标准模型中,u、d、e⁻ 和 vₑ 属于基本粒子中同一个族(family)。在目前的标准模型中,我们已知有 3 个族,每个族都包含 2 个不同种类的轻子和 2 个不同种类的夸克(每种夸克都有三种颜色)。这些不同种类的粒子通常被称为"味"。轻子自旋为 $1/2$,没有强相互作用,但有弱相互作用。如果带电,轻子还能拥有电磁相互作用。第 1 族的两个轻子为带负电的电子和 1 个附随的电中性中微子,称为电子中微子。上夸克的电荷是 $2/3$,单位为质子的电荷,下夸克的电荷为 $-1/3$,单位与上夸克相同。

第 2 族和第 3 族各包含了两个夸克和两个轻子,其电荷分布与第 1 族相同。为什么总共有 3 族而不是更多? 标准模型并未对此做出规定,但这是实验物理学家所发现的事实。原则上可能还存在其他族,但目前没有任何迹象表明它们的存在。表 16.1 对 3 个族进行了梳理。除了符号之外,我们还给出了每个粒子的名称。有些粒子的名称是约定俗成的,与其文字上的意义没有任何关系。

表 16.1　已知的 3 个族里的基本费米子

第 1 族	第 2 族	第 3 族
ν_e（电子中微子）	ν_μ（μ 介子中微子）	ν_τ（陶子中微子）
e（电子）	μ（μ 介子）	τ（陶子）
u（上夸克）	c（粲夸克）	t（顶夸克）
d（下夸克）	s（奇夸克）	b（底夸克）

表 16.1 中,我们省略了颜色。由于每个夸克都可能为红、绿、蓝三种颜色,所以每个族里面实际上包含了 6 种夸克和两种轻子。每一个带电费米子都有一个电荷相反的反粒子。中微子呈电中性,而正如我们之前所说,反中微子是否与中微子一样目前尚无定论。

不同族里面相似成员的区别在哪呢? 首先,它们的质量不同。其次,它们的味不同。夸克总共有 6 味,轻子也一样。味看上去仅存在于强相互作用和电磁相互作用,而不存在于弱相互作用中。这就意味着粲夸克无法通过强相互作用或电磁相互作用衰变成上夸克。而且,好像粲夸克也无法通过弱相互作用衰变成上夸克。不过,弱相互作用允许粲夸克衰变成 1 个奇夸克或下夸克加上 1 个其他的粒子。标准模型允许这些衰变的发生,且这些衰变在实验中得到了间接的证实。实际上,我们能够直接观察到的是包含——比如说——1 个粲夸克的强子衰变成包含 1 个下夸克或奇夸克的强子。同样,包含 1 个下夸克的强子也能衰变成包含 1 个上夸克的强子。据我们所知,这就是中子衰变成质子的机制。

讨论夸克和轻子的质量是一件十分有趣的事情。在基本粒子物理学的研究中,通常会给出基本粒子的静止能量,用"电子伏特"(简写成 eV)作为其基本单位。1 电子伏特的能量等于 1 个电子经过 1 伏特的电位差加速后获得的动能。除了电子伏特外,其他的单位包括百万电子伏特(MeV)和十亿电子伏特(GeV)。例如,一个电子的质量为 $9.11 \times 10^{-31} kg$,其静止能量则是 0.511MeV。

质子的质量为 1.67×10^{-27} kg,其静止能量为 938MeV 或 0.938GeV。这些例子说明 eV 是个非常小的能量单位。

带电轻子和一些强子,如质子和中子的质量现已得到非常精确的测量。夸克和中微子则不然,而且二者质量没有得到准确测量的原因也不尽相同。首先我们来看夸克。为了准确测量一个粒子的质量,我们必须在这个粒子处于自由状态时对其进行测量。由于除了顶夸克(我们将单独讨论),其他所有夸克一般都被束缚在强子内部,所以我们无法直接测量夸克的质量。我们通过各种间接方式来推断出夸克的质量。例如,我们可以根据自由强子的测量质量来推断出它里面的夸克的质量。

夸克和反夸克能在强子内部从一个能量胶子中创造出来。通常,当一个夸克和反夸克彼此分离时,其他的夸克和反夸克就被创造出来,并将其自身附着在原先的夸克和反夸克上,形成强子。因此,我们观察到的并不是自由夸克和反夸克,而是其他的强子。顶夸克是个例外,因为它的寿命太短了。当一个顶夸克和它的反夸克被创造出来时,它们会迅速地衰变成其他的粒子,所以其他的夸克和反夸克没有时间附着在顶夸克和它的反夸克上。不过,顶夸克的质量可以从它衰变形成的粒子的能量推断出来。

我们无法精确测量出中微子质量的原因则完全不同。中微子能以自由粒子的形式存在,但它们的质量实在太小,以至于目前为止没有如此精确的测量方法。因此,我们只能说中微子的质量非常小,比电子的质量还要小,而电子在已知的带电粒子中质量最小。

表 16.2 中,我们给出了我们所知的夸克和轻子的静止能量。红、绿、蓝夸克的静止能量没有单独列出来,因为根据标准模型,同一味而不同色的夸克具有相同的质量。而且,也没有实验证据表明,同一味而不同色的夸克质量有差异。所以,我们目前认为同一味的三色夸克质量相等。

表 16.2　轻子和夸克的静止能量,单位为 MeV。它们的质量为静止能量除以 c^2

e	0.511
μ	10^6
τ	1777
v_e	$< 2 \times 10^{-6}$
ν_μ	$< 2 \times 10^{-6}$
v_τ	$< 2 \times 10^{-6}$
u	3 ± 2
d	5 ± 3
s	100 ± 30
c	1250 ± 90
b	4200 ± 79
t	$174,000 \pm 3000$

除了物质粒子和力的载体,标准模型还规定了另一种粒子的存在,这种粒子叫作希格斯玻色子,名称取自物理学家彼得·希格斯(其他物理学家对此也有贡献)。目前人们尚未在实验中观察到希格斯玻色子,但在理论上而言它的存在是合理的。

现在,我们利用量子场理论的知识来解释希格斯玻色子存在的理论依据。我们之前说过,标准模型是一种量子场理论。量子场理论有许多的不变性(或对称性),包括平移不变性和旋转不变性。某理论的平移不变性指的是,当实验设备移动(术语是"平移")到另一个地点,实验的结果不会发生改变。某理论的旋转不变性指的是,当实验设备在地球上的朝向发生转动时,实验的结果不会有任何不同。对于一个理论而言,这些不变性是理所当然的。事实上,如果在纽约做实验和在伦敦做实验会产生不同的结果,那么科学将毫无意义。

但是,在量子场理论中还有一个不变性,这个不变性不像平移不变性和旋转不变性那么浅显。这个不变性叫作"规范不变性"。就像物理学中许多其他的名词一样,"规范不变性"很容易让人产生误解,所以需要解释一番。我们之前说过,在量子力学中,波函数通常为一个复数,也就是说它包含实数和虚数。

一个有着绝对大小统一性的复数被称为"相位"。一个波函数中的总相位是无法观察得到的,因为正如我们之前所说,概率仅取决于波函数绝对值的平方。同样,在量子场理论中,有些场也是复杂量。量子场的总相位无法观察也是有原因的。只有总相位无法观察得到,场理论在场的相位发生变化时才会保持不变。在这种情况下,该理论并没有叫作"相位不变性",而是叫作"规范不变性",其历史原因在此不做赘述。总之,标准模型是一个规范不变性理论。

量子场理论的一个基本方面就是,如果它具有规范不变性,那么它就不仅具有物质场(如电子场),而且还应具有力场,如电磁场。由于为量子场理论的规范不变性所要求,所以这些力场被称为"规范场"。标准模型中还有其他的规范场——强相互作用的胶子场和弱相互作用的 $W^{\pm}1$ 场和 Z^0 场。我们之前说过,电磁规范场的量子是光子,光子的质量为 0。而作为强场量子的胶子同样也是 0 质量。规范场的一个普遍特性就是它们的量子的质量为 0,因为如果不为 0 的话,它们的规范不变性就会受到损害。

然而,$W^{\pm}1$ 场和 Z^0 场的质量并不为 0。事实上,它们的质量相对于质子而言是非常大的。这怎么可能呢? 彼得·希格斯和其他的物理学家发现,如果在该理论中引入一个新的标量场(希格斯场),那么,它们就能在 $W^{\pm}1$ 和 Z^0 有质量的同时保持规范不变性。这时,规范不变性(或规范对称性)被隐藏了起来,人们将这种现象称为"自发对称性破缺"。同时,人们发现,如果刚开始时将夸克和轻子视为质量为 0 的粒子,那么以某种方式在该理论中引入希格斯场会赋予夸克和轻子质量。

希格斯玻色子(希格斯场的量子)的质量同样大于 0。人们估计,希格斯玻色子的质量是质子的 100 多倍,不过,目前希格斯玻色子尚未被发现(译者注:事实上,2013 年 3 月 14 日,欧洲核子研究组织发布新闻稿表示,他们先前探测到的新粒子是希格斯玻色子。本书第一次出版于 2007 年,故作者说尚未发现希格斯玻色子)。位于瑞士日内瓦附近的欧洲核子研究中心(CERN)正在建造一个巨大的粒子加速器,即"大型强子对撞机"或 LHC。在大型强子对撞机中,科学家使两束高能质子发生对撞。按计划,这一加速器将于 2007 年建造完成,并于 2008 年投入使用。许多物理学家希望能在那里发现希格斯玻色子的存在。如果没有发现,那么标准模型很可能会经历重大改变。

　　在下一章中,我们将注意力从微观转换到宏观。在最后几章中,我们将从太阳和太阳系开始,慢慢地将我们的视野扩展到整个宇宙。为了更好地理解宏观世界,我们对于微观世界的知识是非常重要的。

第⑰章

太阳和太阳系

然而它确实在移动。

——伽利略·伽利雷

伽利略在他的异教著作中暗示地球围绕太阳旋转,因此受到宗教法庭的审讯。他不得不改口,声称放弃自己的主张,但在内心里肯定仍在坚持"日心说":"然而地球确实在移动。"尽管如此,伽利略仍没有摆脱终身软禁的命运。

17.1 太阳

现在我们知道,太阳目前是太阳系中最大的星体。太阳的直径约为地球的109倍,质量约为地球的33.3万倍。太阳的表面温度约为6000K(10,300华氏度),核心温度则约为1000万K。

我们通过测量太阳的距离以及它的目视直径来计算太阳的直径。太阳的质量则是通过牛顿引力定律计算得出。假设太阳是一个黑体,我们就能通过太阳光线的波谱得出它的温度。

要想求出太阳中心的温度,我们必须建立一个模拟太阳照射方式的模型。标准太阳模型假定,太阳的光芒来自于太阳核心中一系列的核聚变反应。这种核聚变反应的速率取决于太阳核心的温度,因此我们能通过太阳释放出的能量的大小来推断太阳核心的温度。发生在太阳中心的核聚变所产生的光子并不会直接从太阳表面释放出去。这些光子随机地经历释放、吸收和再释放,平均耗费大概 1 百万年才能从核心到达表面。图 17.1 是根据太阳照射模型绘制的太阳内部结构简图。日核的半径约为太阳半径的四分之一。太阳的最外层被称为"对流层",气体在这一层的内部循环流动。在日核与对流层之间,能量主要通过电磁辐射进行传递。

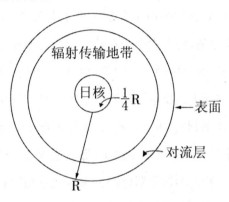

图 17.1　太阳内部结构截面图

在到达太阳表面后,光子还要花 8 分钟穿越太阳和地球之间的空间才能最终到达地球。太阳和地球之间的距离约为 1.5 亿千米($1.5 \times 10^8 \text{km}$),这个距离就是地球绕太阳公转的椭圆轨道的半长径的长度。天文学家将这一距离称为"天文单位",简写成 AU。太阳和地球的平均距离就约等于 1 AU。

太阳的大小保持不变,因为在核聚变中释放出的能量——尽管能将一个小天体炸裂——在太阳内部被引力平衡了。除了大多以可见光的形式存在的电磁辐射,太阳还会释放带电粒子,即所谓的"太阳风"。这些粒子大多由电子和质子组成,它们会一直飘到比地球还要遥远的地方。地球的电磁场使这些粒子的方向发生偏转,飘离地球表面。

太阳内部发生的大多数聚变都会释放出中微子。中微子和光子不一样,它们能以近乎光速的速度直接从日核到达太阳表面。数年前,人类已经能够在地球上探测到来自太阳的中微子。在探测时需要用到大型探测器,因为大多数中微子会直接穿过普通探测器而不会发生反应。事实上,大多数碰巧到达地球的中微子都不会与地球发生作用,而是直接穿过地球。不过,由于太阳释放的中微子实在太多,所以总有一些会与我们的探测器发生反应。

可以使用下面这种方式对标准太阳模型进行检验:如果标准太阳模型是正确的,那么在地球上检测到的中微子数量应该能通过太阳中核反应发生的次数计算出来,而核反应发生的次数则能通过地球上观察到的太阳光推测出来。但是,在实验中人们发现检测到的中微子数量远少于太阳模型的预测,这就意味着要么标准太阳模型是错的,要么中微子在从太阳核心到地球的途中遭遇了变故。我们现在知道出问题的是中微子。太阳核心释放出的中微子是 v_e,因为它们是电子创造出来的(实际上是反电子,或正电子)。早期的探测器被设计为只能够探测到 v_e,而无法探测到 v_μ 和 v_τ。所以,如果来自太阳核心的某些 v_e 在到达地球的途中转换成了另一种类型的中微子,那么这部分中微子便无法被早期的探测器探测到。现在,我们的探测器已经灵敏到能够检测到所有类型的中微子。经测量,到达地球的中微子数符合标准太阳模型的预测。一种类型的中微子转换成另一种类型的这一过程被称为"中微子振荡"。

你看,了解微观层面上基本粒子的相互作用有助于我们了解太阳发光的机制。

人们相信,太阳和行星是由一个巨型气体云压缩形成,其成分大部分为氢气,但也有少量的其他元素,尤其是氦。太阳表面附近是几乎占到80%的氢,其他大部分是氦,还有少量其他气体和金属。太阳的核心中,氢肯定只占到少部分,而占大部分的是氦,因为核聚变会将氢转换为氦。太阳外层的构成与大型行星,即木星和土星十分相似,这也就使得人们更加相信太阳和行星是由同一个气体云演变而来。离太阳更近的行星,如地球则没有太多的氢气和氦气,因为这些行星体积较小,其引力不足以维持住这些气体。因此,这些元素便从地球等内层行星逃离出去。地球上大部分的氢都以水的形式和氧束缚在一起。不过,在地球内部存在着少量的氦。

人们认为,太阳的年龄和地球一样是 46 亿岁。这是因为在太阳系演化模型中,太阳系形成所用时间与它现在已经存在的时间相比非常短。

我们是如何计算出太阳和地球的年龄的? 太阳和地球的年龄信息来自从太阳系其他地方陨落到地球的陨星、小石块以及铁块。这些陨星的形成时间可能和太阳、地球相同,其中有些陨星中含有半衰期为几十亿年的放射性元素。通过测量这些放射性元素的数量以及它们衰变后形成的稳定物质(就在放射性物质的旁边)的数量,我们就能非常精确地计算出陨星的年龄。

人们通过观察发现,太阳赤道的旋转速度快于中纬度,而太阳中纬度的旋转速度则快于两极,由此得出太阳实际上是一个气体球。太阳赤道的旋转周期为 25 天。天文学家可以通过观察太阳耀斑横跨太阳表面的时间来推断出太阳的自转周期。

靠近太阳表面的气体比太阳表面的温度低得多,且这些气体会吸收光。正如我们之前所说,激发态原子会释放出特定频率的光,生成我们所说的线状光谱。不同元素拥有不同的线状光谱。而且,原子会吸收与它们所发出的光具有相同频率的光。因此,原子把光吸收,原本连续的太阳光谱上就会出现黑线。同样,不同的元素具有不同的吸收光谱。氦元素之所以叫作"氦",在于当初人们就是通过吸收线状光谱在太阳中首次发现了氦元素(希腊语中的"太阳"是"helios")。

太阳还有其他许多的特性,我们在此就不过多讨论了。

17.2 行星

许多年来,天文学家一直说太阳系里有八大行星。从最靠近太阳的行星往外数,八大行星分别是水星、金星、地球、火星、木星、土星、天王星和海王星。靠近太阳的 4 个行星体型相对较小,所含岩石相对较多。外层的 4 个行星体型相对较大,它们可能多由氢和氦构成。很久以前,内层行星可能也含有氢和氦,但由于它们体积小,引力无法将大量的这种质量较轻的气体保留在行星上,所以现在内层行星上只有微量的氢和氦。

1930 年,随着海王星轨道外另一颗小型行星状星体的发现,情况发生了变化。这个星体被称为冥王星,并被列为第 9 大行星。2006 年 8 月 24 日,情况再次发生了转变。在布拉格召开的一次国际天文学联合会的会议上,冥王星从常规行星中除名,被划归到"矮行星"之列。同样被称为矮行星的还有其他几个像行星的星体。大会规定,太阳系行星需满足如下条件:绕太阳旋转(而不是绕某颗行星旋转)、体积大到能够因其自身的引力而形成类似球体的形状、体积大到能够"霸占"自己的轨道——将大部分绕太阳旋转的小星体碎片清除出自身的轨道(除了这个行星自己的卫星)。随后我们将在本节中讨论八大行星和矮行星,包括冥王星。"矮行星"这个名字丑陋不堪,我们更愿意叫它们"小行星"。不过,在本书中我们还是沿用国际天文学联合会赋予它们的名字。

我们在讲开普勒第一定律的时候说过,所有的行星轨道都是椭圆(实际上是近似于椭圆),轨道上最靠近太阳的点为近日点,距离太阳最远的点为远日点。连接近日点和远日点的线段长度是该轨道半长轴的两倍。所有行星发出的光都来自太阳光的反射。反射光的比率被称为"反射率"。

和太阳一样,行星浓缩自一个由气体和尘埃组成的云团。由于引力作用,所以各大行星的形状十分接近球体,而且它们的轨道也十分接近椭圆形。行星不会跌落到太阳上,因为它们具有角动量,就像月球因为自身的角动量而不会撞向地球。显然,最初的气体和尘埃云在旋转的时候,为了维持旋转的角动量,它们中间的一部分气体和尘埃必须浓缩成几个行星,而不是全部压缩到太阳之中。

天文学家对我们星系中其他恒星的特性进行了研究,这些特性揭示了太阳的最终命运。大多数恒星在相对稳定的平衡中度过了几十亿年,期间氢原子核裂变产生的外向压力与引力这一内向压力处于平衡状态。然而,大部分的氢最终都将被耗尽,这时恒星的能量便靠氦的聚变来维持。与太阳一般大的恒星在耗尽氢后不久就会变成一个红巨星,体积膨胀到原先的数倍。据预测,也许再过 50 亿年,太阳将变成一个红巨星,其体积会膨胀到至少将最近的行星,即水星吞噬。到那个时候,地球就变成了一个巨大的煤球。

　　水星是距离太阳最近的行星。水星轨道略微偏离椭圆形,正如我们之前所说,这种偏离来自于其他行星的摄动以及广义相对论对牛顿引力理论的修正。这一偏离表现为轨道上水星近日点的岁差,也就是说在每次公转中,水星的近日点都会有些许不同。水星绕太阳一圈大概要 88 天,所以水星的"1 年"要比地球 1 年的 365 天短得多。但水星自转一圈需 59 天,所以水星的"1 天"比地球上的 1 天要长得多。正如我们之前所说,离太阳越近,行星的 1 年就越短。这一结论来自开普勒的行星运动第三定律,这一定律能从引力定律中推断出来。

　　水星的直径约为 3480 千米,约等于地球直径的 27％,比月球稍长一点。不过,水星比月球密度更大,其质量几乎是月球的 5 倍。水星的半长轴约为 5800 万千米,即 0.39 个天文单位(地球半长轴的长度为 1 个天文单位)。

　　水星有自己的磁场,这是因为它拥有一个铁质内核。水星的磁场强度仅为地球的百分之一。水星无法反射太多的太阳光,其反射率仅为 0.06。水星阳面温度高达约 700K,阴面温度则为 100K(水的冰点为 273K,沸点为 373K)。所以,水星上白天的温度比沸水还要高,而晚上的温度却比冰水还要低。水星上昼夜温差如此大的原因有两个,第一是水星自转缓慢,第二是缺乏大气层。

　　金星是距离太阳第二近的行星。金星温度甚至比水星还要高,日夜温度都能达到约 750K。因为金星上空有很厚的大气层,能在夜间保留住金星的温度,所以昼夜温差很小。我们将这种现象称为温室效应。由于金星上空有云层的笼罩,所以它的反射率高达 0.76,为各大行星之最。在地球上仰望夜空,金星是除了月球之外最亮的星体,比木星还要亮一些(因为金星到地球的距离比木星到地球的距离要短),比最亮的恒星也要亮。金星轨道的半长轴为 0.72 个天文单位,约为 1.08 亿千米。由于金星离太阳的距离小于地球离太阳的距离,所以我们在观察金星时,总能发现它在太阳不远处。我们常常能在清晨或者傍晚观察到金星,所以金星通常被人们称为"晨星"(the morning star)或"昏星"(the evening star),尽管金星并不是一颗恒星(star)。

金星的大小和质量与地球相似,仅比地球小一点。金星直径是地球的95%,质量是地球的85%。金星的表面引力是地球的90%,也就是说如果有个人能忍受金星上的高温,那么他在金星上所称体重就是地球上的90%。

金星的自转周期与地球有着明显的差异。金星的自转周期为243个地球日,且自转方向是颠倒的(向后旋转,或者说与它绕太阳公转的方向相反)。金星的公转周期只有225个地球日,所以金星的特别之处在于它的日比年还要长(这里所说的日和年分别指行星的自转周期和绕太阳公转的周期)。

无论是金星还是水星,它们离太阳的距离都比地球到太阳的距离要短,所以有时我们会观察到金星和水星并不是圆的。有时,金星或水星的某些部分由于没有接收到太阳光而呈暗色。所以,金星和水星就像月球一样表现出明显的相位,有时圆满闪亮,有时昏暗无光,更多的时候是部分明亮部分暗淡,看上去就像圆盘的一部分。金星在位于地球和太阳之间时看上去比它在太阳另一边时更大(距离原因),但当金星位于地球和太阳之间时,金星会部分呈现出暗色。伽利略是第一个对金星的相位进行观察的人。

除了水星和金星,其他所有的行星都有卫星。大多数行星有多颗卫星,但地球只有一颗,那就是月球。当然,我们这里所说的卫星指的是自然卫星。从宇航时代开始,已有相当数量的各种人造卫星发射升空,绕地球旋转。

地球当然是我们最熟悉的行星。关于地球的特性,我们可以用整整一本书来讲述,但在这里,我们只关注地球的几个特征。在所有的行星中,地球的密度最大,达到5.52克每立方厘米。水的密度为1克每立方厘米,所以地球的密度是水的5倍多。岩石的密度比水高,但比地球的平均密度要低。我们相信,地球的核心部分大多是由液态和固态的铁构成。地核中的铁就是产生地球磁场的原因。

　　我们知道,地球的公转周期为 1 年,即 365.26 天。由于一年要比 365 天稍长一点,所以每四年,我们都会在日历上增加一天,这一天就是 2 月 29 日。出现 2 月 29 日的那年被称为闰年。即便如此,日历还不是完全准确,需要偶尔做出其他的调整。

　　根据天文单位(AU)的定义,地球的半长轴就等于 1 个天文单位,即约 1.5 亿千米。地球的椭圆形轨道十分接近正圆形(其他的几颗行星实际上也是如此)。地球的近日点距离太阳 0.983 AU,远日点距离太阳 1.017 AU。在北半球,夏天通常在 6 月 21 日来临,这天拥有全年最长的白昼。实际上,夏至日(6 月 21 日)那天地球到太阳的距离要远于北半球冬天来临那一天(冬至日,12 月 21 日)地球到太阳的距离。夏天的白昼要长于冬天,这是因为地球赤道面和黄道面有个 23.3 度的夹角。夏天时,北半球向太阳倾斜,而冬天时,南半球向太阳倾斜。

　　地球绕地轴自转一圈需要 23 小时 56 分钟。一天 24 小时是参照在地球上观察到的太阳的位置制定的,例如,将相邻两个正午(太阳位于正上方时)之间的时间定为 24 小时。因此,我们定义的一天要比地球的自转周期稍长,因为地球在自转的同时还绕太阳公转,所以会产生这种差异。

　　地球表面的逃逸速度是 11.2 千米每秒(约为 25000 英里每小时)。这就意味着在没有空气阻力的情况下,一个以 11.2 千米每秒的速度从地球表面径直升空的物体将永远不会落回地球表面。

　　地球的大气层约 80% 是氮气,约 20% 是氧气,还有少量的其他气体,如水蒸气和二氧化碳。尽管大气中二氧化碳的含量远低于 1%,但它在地球上起到了至关重要的作用。在光合作用中,含有叶绿素的植物利用来自太阳的能量吸收大气中的二氧化碳,并将二氧化碳与水结合,生成碳水化合物(糖、淀粉以及纤维素)。除此之外,二氧化碳还是一种温室气体,能将来自太阳的能量保存在地球上,维持地球表面的温度。在很长一段时间内,大气中二氧化碳浓度的变化都十分微小。然而,自 20 世纪 20 年代以来,由于化石燃料的大量使用,到 21 世纪,大气中二氧化碳的含量已经明显增多。人类燃烧煤炭和石油是全球气候变暖的一个重要原因,如果没有得到实质性的控制,这将给地球生态带来灾难性的影响。

我们对地球内部有着深入的了解,而这种了解大多来源于地震时产生的地震信号。地球内部的温度很高,首先是因为地球在形成之时就有很高的温度,其次是因为地球内部的放射性物质仍在发生衰变,因此产生热量。

地质学上的证据表明,在大约 35 亿年前,地球上就有了生命的存在,所以地球上生命的迹象最早出现在地球形成约 10 亿年之后。不过,生命的出现可能比这还要早。太阳模型表明,太阳的温度正在慢慢变得更高,所以在大约 10 亿年后,太阳将变得炽热无比,地球上的水将全部蒸发,我们所知的所有生命形式将不复存在。如果这些模型准确无误,那么地球生命已经走完了超过四分之三的旅程。

当然,很有可能在远不到 10 亿年的时间内地球上的生命就会灭绝,原因可能是由于人类的活动,比如说核战争。地球上生命的灭绝还有可能是因为小行星、彗星或其他来自外太空的大型星体与地球发生碰撞。自地球上出现生命以来,已多次发生外太空物体撞击地球的事件,遗留下来的坑洞尽管受到千百年的侵蚀,有些现在依然依稀可见。这些撞击地球的物体中不乏可导致大规模物种灭绝的庞然大物,不过还没有大到能够将地球上的生命赶尽杀绝的地步。我们唯一能够祈祷的就是,未来人类还能像以前那么幸运。对于其他可能导致地球生物灭绝的情况,我们在此就不继续探讨了。

大多数天文学家相信在地球形成后、生命出现前,有一个行星大小的星体与地球相撞。如果那时出现了生命,那么它们在这次碰撞中无一幸免。在这次撞击中,大量的碎片被撞到了环绕地球的轨道上。人们相信,正是这些碎片在引力的作用下聚合在了一起,最后形成了月球。产生这种想法的原因之一就是,很难想象出在哪种情形下地球能够将月球捕获并"关押"在其轨道上。另一个原因是因为月球表面的物质构成与地球表面十分相似。月球的密度约为 3.3 克每立方厘米,与地球上岩石的密度差不多。我们认为月球的核心含铁量极少,或几乎不含铁。

月球距离地球 38.4 万千米(约 24 万英里),有 60 个地球半径这么长。月球半径比地球半径的四分之一稍长,其质量却只有地球的 1.23%。月球表面引力仅为地球表面引力的 1/6。如果月球上也曾出现过大气的话,那么现在月球上丝毫没有大气的存在是因为月球质量太小而无法将这些大气维持在其表面。由于没有大气,月球上的温度无法得到缓和,所以白天温度极高,晚上温度极低。没有大气的另一个影响就是,月球上因流星和彗星撞击而形成的坑洞不会受到侵蚀。因此月球表面布满了环形山。

由于受到潮汐摩擦力的作用,月球的自转随着时间的流逝在减慢,所以它现在朝着地球的那面(正面)总是保持不变。我们从未在地球上看到过月球的另一面(背面)。除了崎岖不平的山地,月球正面还有一些相对平坦、坑洞较少的地区。这些平地被称为月海(maria),是"海洋"的拉丁文,因为早期天文学家以为这些地区是水域。现在我们知道,月球表面没有水的存在。

从 20 世纪 50 年代开始,美国和苏联(苏联后来解体为多个国家,其中面积最大的是俄罗斯)发送了多艘宇宙飞船,进行了环绕地球以及登月等活动。登月活动还扩展到了月球的背面,并发现月球背面比正面更加崎岖不平。在 1969 年到 1972 年期间,美国先后将 6 艘载人宇宙飞船送上月球并返回,带回了信息、数据以及月球表面的样品。

月球当然要比太阳小得多,太阳的半径是月球半径的约 400 倍,但太阳距离我们更加遥远。很巧的是,从地球上观察,太阳和月球具有相同的角大小,所以会出现日食。有时是日全食,月球将太阳整个遮盖住。由于地球和月球的轨道是椭圆形而不是圆形,所以有时会出现月球的角大小要小于太阳的角大小的情况,如果这时发生了日食,那么这种日食就是"日环食",因为在地球上观察,太阳的中心部分黯淡无光,而边缘却明亮如初,就像一个发光的指环。还有一

153

种日食现象,即日偏食,月球遮盖住太阳的一部分。

火星是太阳系中由内往外数第 4 颗行星。肉眼看来,火星稍显红色,因此也被称作"红星"。火星上有一层稀薄的大气,并常常刮沙尘暴。据我们所知,火星表面没有水(译者注:2015 年 9 月 28 日,美国航天局宣布火星上存在流动水)。无人飞船在火星上勘探时发现,它的土壤贫瘠,并没有生命迹象。不过,因为目前仅探索过很小的一块区域,所以还不能证明火星表面或火星地下没有生物的存在。但现在看来,有生命的可能性很低。

火星轨道的半长轴约 1.5 AU(地球的 1.5 倍)。火星上一年有 687 天(几乎是地球年的 1.9 倍)。火星上一天大约 24.5 个小时,和地球上一天差不多。火星自转轴的倾斜度与地球相似,因此火星有着和地球类似的季节变换。不过火星离太阳更远,所以温度要低于地球,大概处于 -220 到 60 华氏度之间。在中午,火星赤道上的温度非常宜人,但它的大气不适合地球生命的呼吸。

火星直径比地球直径的一半稍长,密度接近月球。火星质量仅为地球的约十分之一,表面引力则稍小于地球的五分之二。火星的反射率为 0.15。

火星上稀薄的大气多由二氧化碳组成。火星的两极有"冰帽",不过"冰帽"大多由固态二氧化碳构成,只有少量的固态水。尽管大气稀薄,火星上常刮大风,易受沙尘暴侵害。火星上还有高山,最高的山比地球最高峰珠穆朗玛峰还高出约两倍之多。当然,火星上有如此高山峰的原因之一就是其表面引力比地球小太多。这不是唯一的原因,因为水星甚至比火星还要小,不过它上面却没有如此高的山峰。其他原因还有火星内部构成以及火星的火山活动等等。

火星有两颗卫星,分别叫作火卫一(Phobos)和火卫二(Deimos)。火卫一和火卫二比我们的月球都要小得多,到火星的距离比月球到地球的距离也要近得多。火卫一和火卫二的形状都不规则,因为它们体型太小,引力无法将其塑造成球形。二者体形较长,都有一端朝向火星。火卫一体积较大,不过也仅有 28 千米长、20 千米宽,其公转周期短于 8 小时。火卫二距离火星较远,公转周期长于 30 小时。

木星是太阳系中最大的行星。在四颗气态行星中,木星离太阳最近,其他三颗气态行星分别为土星、天王星和海王星。木星的直径比地球直径的 10 倍还要长,所以如果木星有着和地球同样密度的话,它的质量将为地球的 1000 多倍。不过,木星的密度仅为 1.33 克每立方厘米,比地球密度——5.5 克每立方厘米——要小得多,所以木星的质量就是地球的 318 倍。由于木星的密度较低,天文学家相信木星大部分由一个气体球构成,其中主要是氢气和氦气。木星尽管体积巨大,但它的体型还不足以在其核心形成能够引起核聚变的温度。因此,它和其他行星一样通过反射太阳光来发光。木星的反射率很大,为 0.51。

木星轨道半长轴长 5.2 AU。起初,天文学家对这一长度感到大惑不解,因为木星到太阳的距离与 18 世纪下半叶发现的一条"规律"不符。这条规律叫作波得定律(尽管波得仅仅是它的推广人而不是发现者),它给出了大多数行星与太阳的大致距离。根据波得定律,在火星和木星之间应该还有一颗行星,但在当时尚未发现。数年后,在波得定律预测的大概位置上发现了一颗小小的、行星状的天体。这一新天体被命名为谷神星,人们刚开始以为它是一颗新行星。

后来又发现了更多的小星体。这些星体大小不一,共有 10 万颗之多,而且它们到太阳的距离约等于谷神星到太阳的距离。这些星体通常被称为小行星。也许正是因为它们距离木星太近,所以没法在引力的作用下合并成一颗行星。大多数的小行星都太小,所以形状不规则,但谷神星(直径是地球的十二分之一)的体积足以使它在重力的作用下变成近似球形的形状。在发现了其他小行星后,谷神星从行星家族中除名,不过现在人们把它看作一颗矮行星。

波得定律为何会对大多数行星有着近似正确的描述? 对此,目前物理学界尚无定论。大多数科学家认为,是太阳系形成时期巧妙的太空环境造就了现在形态各异的行星。

现在又回到木星。木星的自转周期少于 10 个小时,因此,木星赤道上一点的运动速度要远快于地球赤道上的一点。木星赤道位置的转率稍高于两极。由于自转很快,所以木星的赤道向外鼓出。赤道直径比两极直径要长 6%。另一方面,木星的公转周期要远长于地球上的一年——实际上,木星的公转周期稍短于地球上的 12 年。这与开普勒第三定律非常吻合,该定律将行星的公转周期与它到太阳的距离联系在一起。

在望远镜中观看时,我们会发现一些暗色的长条,它们是木星大气的特征。木星表面还有一个巨大的椭圆形红色斑点,面积比地球还大。人们认为它是木星表面上一场旷日持久的风暴。我们观察到的木星表面实际上是它的大气。木星大部分由流体组成(大多数是液体),所有质量大的金属都已沉入木星的核心。在我们通常所说的液态氢下方,还可能以液态金属的形式存在着一些氢元素,出现这种情况是因为木星内部压力极高。因为还没有对木星内部进行勘探,所以我们对木星内部结构的认识仅来源于理论计算。

木星表面的引力为地球的 2.64 倍。如果有一个人能站在木星上,那么她的称重就是在地球上的 2.64 倍。不过,没有什么东西能放在木星上,因为它会在大气中不断往下掉,直到触碰到内层的液体。

根据最新研究,木星至少有 60 颗卫星,其中最大的 4 颗要大于或等于我们的月球。伽利略用他的望远镜第一次发现了这 4 颗卫星,它们分别是木卫三(Ganymede)(体积最大,比水星还要大)、木卫四(Callisto)(与水星差不多大)、木卫一(Io)(比月球大)和木卫二(Europa)(比月球稍小)。木星的大多数卫星由于体积太小而无法变成球形,所以呈不规则形状。由于受到潮汐力的作用,所有卫星都只有一面朝向木星,就像月球朝向地球的总是正面一样。除了几个体积非常小的卫星,木卫一距离木星最近。正因为距离木星近,所以潮汐力能在木卫一上引起火山活动。在旅行者号宇宙飞船经过木星及其卫星时向地球发回的照片上能看到火山活动的痕迹。除了卫星,在木星赤道上空还环绕着一系列稀薄的星环。这些星环由成千上万颗各自绕木星旋转的小型天体组成,其中不乏小巧玲珑的家伙。

土星是太阳系第二大行星,在木星轨道之外。土星到太阳的平均距离几乎是木星到太阳距离的 2 倍,地球到太阳距离的将近 10 倍。土星的半长轴长度为 9.54 AU。土星绕太阳运行一圈需要超过 29 年。

土星半径几乎是地球半径的 9 倍，比木星半径的 80％ 长一点。然而，土星的质量仅为木星的 30％，因为土星的密度为各大行星中最低，仅为 0.68 克每立方厘米（比水的密度还低）。由于密度低而半径长，所以土星的表面引力和地球差不多，但由于土星的气态性质，土星表面的固体会一直下落，直到触碰到土星内部的液体。土星和木星一样，自转速率都很快，自转一圈大概需要 10 个半小时。因此，土星像木星一样在赤道部位向外鼓出。土星的反射率也很像木星，约为 0.50。

土星与其他行星的区别在于，土星赤道上空有围绕着土星的巨型星环。相对围绕木星的稀薄星环而言，土星的星环要明显得多。土星星环的内层到土星表面的距离约为土星半径的 40％，外层到土星表面的距离约等于土星半径的120％。这些星环很宽却也很薄。而且，尽管地球上的观察者在观察土星星环时视线与星环的自转轴垂直，但观察者仅通过一台普通的望远镜是无法观察到这些星环的。土星的星环中有一个巨大的隔断以及许多小型的隔断。组成这些星环的天体中，大多数是独自围绕土星旋转的小碎片，其中一些碎片长度可达 1 米多。在使用非常大型的望远镜进行观察时，这些星环显得异常壮丽。图17.2 为土星和它的星环。

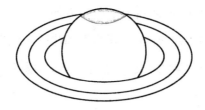

图 17.2　土星和它的星环。以黑暗的夜空为背景时，土星和它的星环显得非常明亮

土星有许多卫星，目前人类发现的已有 40 多颗。土星最大的卫星是土卫六（译者注：Titan，希腊神话中的巨人），首次发现于 16 世纪。土卫六比木卫三（译者注：Ganymede，希腊神话中为众神司酒的美少年）——木星最大的卫星——稍小。土卫六是太阳系中人类已知的拥有大气的数颗卫星之一。事实

上,土卫六上的大气十分浓厚,甚至超过了地球上的大气。土星其他几颗卫星尽管比土卫六小,但它们体型已足够使它们演变成近似球形的形状。当然,土星星环上成千上万的星体也是土星的卫星,但我们通常不这么说。

下一颗行星是天王星。1781 年,英国天文学家威廉·赫歇尔偶然中发现了天王星(靠里面的 6 颗行星在伽利略时代之前就已为人们所熟知)。天王星被划分为气态巨型行星,其半径为地球的 4 倍,不过还是比土星要小得多。像其他的气态巨型行星一样,天王星密度低,仅略高于水的密度。天王星轨道的半长轴稍长于 19 个天文单位,天王星上的 1 年则等于 84 个地球年。

天王星的自转周期稍长于 16 小时。它的自转轴与黄道面夹角很小,所以天王星的赤道面几乎与黄道面垂直。在夏至日,天王星的北极几乎直指太阳;而在冬天刚来临时,北极又指着太阳相反的方向。正是这个原因,天王星上的四季非常极端。目前,我们还不清楚为什么天王星的自转轴与其他行星有如此大的差异。

天王星至少有 27 颗卫星,其中有些很接近球形。除此之外,天王星还有数个星环,不过比土星的星环更细更薄。这些星环中包含了几千个小天体。

海王星发现于 1846 年,而且它的发现并不是意外。天文学家在对天王星的轨道进行了长达数年的研究后发现,天王星的轨道在椭圆形的基础上出现了偏离。如果牛顿定律无误,那么在天王星轨道外应该还有一颗行星,否则这一偏离便无根无源。英国人约翰·C·亚当斯和法国人厄本·勒威耶分别预测,这颗行星就存在于天空中某块小范围之内。天文学家对那片星空进行了观察,最后发现了海王星。

海王星轨道半长轴的长度为 30 个天文单位。海王星上 1 年等于地球上 165 年。海王星的半径相对天王星稍小,但密度更大,所以它的质量比天王星稍大。

海王星已知的卫星有 13 颗,其中最大的是海卫一(译者注:Triton,古希腊神话中的海之信使),它的半径比月球半径的一半略长。海卫一的公转周期大约为 6 个地球日。海卫一向后公转，或者说逆向公转（与海王星绕太阳运行的方向相反）。这一逆向运动说明海卫一不太可能是由海王星附近的碎片聚合而成。更靠谱的解释是，海卫一是在一个绕太阳旋转的独立轨道上被海王星俘获的。要使这种俘获成为可能，之前海卫一的附近必须存在第 3 个星体，且海卫一当时可能与这个星体组成一个双星系统，在另一条轨道绕太阳旋转。海王星也有一个非常细的星环，因此，所有的大型气态行星都有星环。不过，只有土星的星环有那么雄伟壮丽。

矮行星不能太小，否则它的引力无法将其自身塑造成近似球形的形状；同时它又不能太大，否则它就会俘获附近大部分的碎片，霸占自己的轨道。所有的矮行星都比水星——最小的行星——要小很多。谷神星就是一颗矮行星，它在介于火星轨道和木星轨道之间的小行星带中与几千颗小行星混迹在一起。谷神星占了小行星带质量的约三分之一。

另一颗矮行星——冥王星——位于所谓的柯伊伯带的最里边。柯伊伯带的名字取自杰拉德·柯伊伯，他在 1952 年预测海王星外还存在天体。柯伊伯带中除冥王星之外的星体直到 20 世纪 90 年代才被发现。柯伊伯带中有许多天体，其中多数为冰石混合体。柯伊伯带中有些天体距离冥王星的轨道不远，所以冥王星没能独占其轨道，因此被天文学家从新的行星列表中除名。

2005 年，美国天文学家迈克·布朗在柯伊伯带中发现了一个比冥王星稍大的天体。这个天体在 2006 年 9 月被正式命名为阅神星（Eris）。除了冥王星和阅神星，柯伊伯带中还存在着许多能被称为矮行星的天体，其中有一些尚未被发现。到 2006 年上半年为止，布朗已经观察到了 8 颗看上去呈球形的柯伊伯带星体，这些星体可能符合矮行星的条件，而天文学家推测应该不止这些。柯伊伯带上其他的星体由于体积太小，无法自成球形，因此不符合矮行星的条件，只能叫作绕太阳旋转的星体。

冥王星有 1 颗大卫星和 2 颗小卫星，大卫星叫作冥卫一（译者注：Charon，希腊神话中将亡灵度到阴界去的神）。由于某种技术原因，冥卫一其实自身也可以被划归为矮行星。解释这一原因需要费些口舌，我们可以从月球说起。我们通常说月球绕地球旋转，不过这一说法严格意义上说来是不准确的。实际上是地球和月球都在绕着二者的质心在旋转。

现在我们来简单解释一下什么是质心。假设有两颗质量相同的恒星，各自都受到对方引力的作用。这时，说两颗恒星中的某一颗绕另一颗在椭圆轨道上旋转是没有道理的——到底哪颗是焦点，而哪颗在做环绕运动呢？实际上，两颗恒星都绕着空间中的一个点在旋转，这个点位于两颗恒星之间连线的中点。这个点就是两颗恒星的质心。

如果两颗恒星质量不相等，那么质心便会靠近质量更大的那颗恒星。质量差越大，质心越靠近质量大的恒星。最终，当质量差达到一定程度时，质心便有可能在质量较大的恒星的内部，不过不会在它的中心。于是，质量较小的恒星便会绕着质心做椭圆形轨道运动，而质量较大的恒星只会稍稍摆动，绕着位于它体内的质心转动。地球和月球就是如此。地球和月球的质心就位于地球内部，所以我们说月球绕地球旋转，且轨道近似一个椭圆。

太阳比地球的质量大多了，所以太阳和地球的质心在太阳之内。然而，太阳和木星——最大的行星——的质心在太阳外面一点，位于连接太阳和木星中心的假想线上。因此，木星和其他行星有所不同，太阳和木星构成了一个双星系统。

现在我们回到冥王星和冥卫一。冥王星和冥卫一的质量关系使得它们的质心位于冥王星之外。因此，冥卫一和冥王星都绕着空间中的一点旋转，而不是说冥卫一绕着冥王星旋转。在这种情况下，冥王星和冥卫一都可被视为绕二者质心旋转，且又同时绕太阳旋转的矮行星。冥王星和冥卫一绕太阳旋转的轨道都不是椭圆，但是二者的质心绕太阳旋转的轨道是椭圆。不过，即便如此，我们还是将冥卫一看成是冥王星的一颗卫星。

第 18 章

银 河 系

我穷尽一生悟出一个道理：与现实世界比起来，我们的科学是多么落后和无知——然而，它是我们拥有的最珍贵的东西。

——阿尔伯特·爱因斯坦

我们之前说过，银河系中的恒星多于 1000 亿颗。这些恒星通过它们之间相互的引力，以及星系中所谓"暗物质"的拉扯而固定在一起。我们首先探讨恒星和其他的发光星体，然后再来讨论暗物质。

18.1 恒星

当一大团主要由氢和氦组成的尘埃云在其自身引力的作用下发生收缩时，一颗恒星就这样形成了。当这一团气体发生收缩时，重力势能便转化成气体分子的动能。换句话说，气体分子在下降的同时发生了加速。因为温度与分子的平均动能成正比，所以当气体不断收缩时，它就会变得越来越热。当气体的温度变得极高时,气体粒子之间的相互碰撞就会使得原子内部的电子发生脱离,于是该气体就被离子化了。再后来,气体核心的温度继续增高,引发核聚变反应。最终,核反应所产生的热的外推力和引力的内拉力之间形成了平衡。于是,一颗恒星便形成且稳定了下来,变成了所谓的"主序星"。

一颗恒星的光度指的是它每秒钟从表面释放出的电磁能总量,包括波长在人眼识别范围之外的能量。主序星的光度和表面温度之间存在着一定的关系。主序星的表面温度可从它的颜色推断出来——温度越高,恒星显得越蓝;温度越低,恒星越红。主序星的光度差异巨大。一些质量超大的恒星有着10万倍于太阳的光度,而另一些则只有太阳光度的百分之一。大多数主序星的光度都在此范围之内。太阳的表面温度是6000K,而最亮的恒星的表面温度可达50000K,亮度最低的恒星的表面温度则不足3000K(50000K约等于90000华氏度)。

古希腊人将他们眼中发光的恒星称为"一等星",亮度较低的恒星则被称为"二等星",以次类推。近年来,天文学家对这种等级观念进行了量化,不过总体概念保留了下来。在这一规范中,亮度越高,星体的视星等越低。所有的发光星体,如月球以及闪亮的恒星与行星,其视星等都是负数。根据天文学家对视星等的定义,一等星的亮度是二等星的2.51倍,二等星的亮度是三等星的2.51倍,以此类推。太阳是我们唯一在白天能看得到的星体,它的视星等为-26。夜空中最亮的恒星——天狼星——的视星等是-1.4。人类的肉眼无法看见视星等大于5的恒星,想要观察它们就必须使用望远镜。

假设有一颗恒星,它发射出的光线打在和它有一定距离的一个假想的球面内壁上,而这颗恒星就处在该球的中心处。假设还有另一个球面,其内壁和恒星的距离是第一个球面的两倍远。较远球面的面积为较近球面的4倍,所以较远的球面接收到的光线强度(单位面积上光的数量)仅为较近球面的1/4。因此可以得出,当我们在地球上观察两颗光度相同的恒星时,若其中一颗到地球的距离为另一颗到地球距离的2倍,那么较远恒星被观察到的亮度就只有较近恒星的 1/4。这就是所谓的观察亮度的平方反比定律。根据这条定律,如果两颗恒星光度相同,其中一颗离我们的距离是另一颗的 3 倍,那么在我们看来,较远的恒星的亮度仅有较近恒星的 1/9。

一颗恒星的绝对星等(absolute magnitude)是通过平方反比定律,用 10 个"秒差距"(parsec)作为标准距离来修正过的视星等。秒差距是天文学家通常用到的一个距离单位,等于 3.26 光年。

一颗恒星的光度可以根据它在我们眼中——或者在望远镜中,如果亮度不够的话——的亮度加上它离我们的距离推导出来。对于距离较近的恒星,我们可以通过视差算出它的距离。也就是说,当地球处于绕日轨道上不同位置时观察该恒星位移的大小,由此推断出这颗恒星离我们的距离(第 1 章中对视差有详细的论述)。

对于距离我们非常遥远的恒星,视差可能小到无法观测得到,因此需要采取其他的手段。其中的一个方法要借助光度有周期性变化的恒星。变化周期在 1 到 100 天之内的恒星被称为造父星(Cepheids)。在观察距我们较近的造父星时,我们总结出它们的光度取决于其自身的周期。因此,对于距离遥远的造父星,我们可以通过测量它的周期来推断出它的光度。这种测量方法给出的是该恒星的绝对星等,而直接观测则能得到该恒星的视星等。知道了绝对星等和视星等后,我们便能运用平方反比定律来求出恒星的距离。因为造父星亮度高,所以这一方法有利于天文学家测量用视差无法测到的距离。由于自身亮度较高而被用作距离测量工具的天体被称为"标准烛光"(standard candle)。

获知一颗恒星的距离的另一种方法是看它在主序中所处的位置。光度越高的恒星,其表面温度就越高,而恒星的表面温度决定了恒星的颜色:温度越高,恒星显得越蓝;温度越低则越红。因此,恒星的绝对星等可以从它的颜色估算出来。若某颗恒星呈蓝色,且看上去很模糊(视星等很大),那么这颗恒星离我们肯定很远。在知道绝对星等和视星等后,天文学家便能计算出恒星离我们的距离。

有少量恒星不在主序中。有些被称为"巨星",通常是"红巨星"。它们光度很高,但温度相对较低。只有当恒星的体型相当大的时候才会在高光度的同时出现低温度的情况——因而叫作巨星。巨星的低温是从它的红色外观上推断出来的。有些低温恒星的光度甚至还要高于巨星,我们把这种恒星叫作"超巨星"。

除此之外,还有一些不在主序之内的恒星,其中包括"白矮星"。白矮星尽管光度低,但它们的表面温度相对较高。只有当恒星的体型比正常小的时候才会发生这种情况——因此就有了白矮星这个名字。

银河系中可能有一半的恒星都是"双星"。一个双星系统包括两颗恒星,它们绕着共有的质心旋转。据推测,许多恒星都有围绕自己旋转的行星。不过,目前为止,天文学家仅发现了少数系外行星,即绕着太阳之外的恒星旋转的行星。要想观察到一颗系外行星是很困难的,因为行星相对较小,且只能通过反射恒星的光线来发出亮光。如果行星的体型足够大,那么它就会导致恒星发生摆动,因为行星和恒星实际上是围绕着共同的质心在转动。天文学家已经观测到了这种恒星的摆动,而通常能够造成这种摆动的行星都不会小于木星。

18.2 星球的演变

一颗恒星会在主序中存在几百万、甚至几十亿年,直到它核心中的氢全部烧完,变成氦。令人疑惑的是,一颗恒星的质量越大,它在主序中存在的时间越短。原来,质量越大的恒星燃烧氢气的速度越快,所以将自己的燃料耗光所用的时间也就越短。

我们相信太阳的年龄与地球相当,因为从理论上说,它们形成的时间大致相同。如果理论无误,那么太阳现在大概已经有46亿岁了(利用铀衰变,放射性纪年法告诉我们地球的年龄为46亿岁)。

可以预测,太阳还会在接下来的50亿年内继续以一颗主序星的身份发光发亮,理由如下。太阳内部结构模型不仅准确预测了太阳表面温度约为

6000K，而且告诉我们，只有在占太阳总质量10％的最核心区域内，才存在足以产生核聚变反应的高温。我们还知道，在太阳内部的核聚变中，约0.7％的质量被转化成了能量。同时，我们还能测量出太阳每秒钟释放出的辐射能量，于是我们就能计算出太阳将质量转化为能量的转化率。知道太阳核心的剩余质量以及能量的转化率后，我们便能求出太阳将所有的氢转化成氦需要多长时间。计算的结果是约100亿年。因为太阳的年龄稍小于50亿年，所以我们估计太阳继续以主序星的身份发光的期限还剩50亿年多一点。

使用同样的方法，我们得出一颗质量相当大、表面温度相当高的恒星有着高得多的质能转化率，而且可能只会在主序中存在几百万年。另一方面，质量远小于太阳的恒星，其寿命要远长于100亿年。下一章中，我们会说到宇宙的年龄大约是140亿年。恒星的质量如果足够小，那么它的寿命可能比宇宙目前的年龄还要长。这一类恒星从形成之日起到现在一直都处于主序之中。

由于大质量的恒星寿命很短（以宇宙的宏观时间为刻度），所以人们相信这种恒星相对比较稀少。同样，因为小质量的恒星寿命长，所以它们的数量应该很多。通过观察，人们证实了这一点。除此之外，在尘埃云变成恒星的过程中，形成小质量恒星的概率较大。由于宇宙中仍存在着大量的尘埃云，所以现在还有新的恒星在不断地创造出来。

当质量约等于太阳的恒星在其核心部位燃烧氢气，将氢元素转化成氦元素时，随着氢元素的枯竭，恒星的核心会逐渐收缩，因为核心温度太低，无法再将氦聚变成质量更大的元素。在收缩的过程中，核心会因为释放出的引力动能而变得越来越热（举个不恰当的例子，当一个物体从屋顶上落下时，它在下落的过程中会获得越来越多的动能）。最终，核心中所有的氢都耗尽，不过在这个时候，核心的温度会变得极其高，以至于它会点燃核心外面的一层氢元素。随着高温的扩散，燃烧的壳层会点燃附近的区域，使其发生膨胀，并在膨胀的过程中慢慢变冷。膨胀会使得恒星的体积扩大约100倍，于是恒星就变成了红巨星。

太阳在约50亿年后会变成一颗红巨星。那时，它会将水星甚至金星都包裹在内。也许太阳不会大到将地球也吞噬，但在太阳变成红巨星之前，地球上的所有水分都将蒸发殆尽。我们之前说过，根据太阳模型，太阳的温度将持续升高，不过在这一过程中仍然是一颗主序星。人们估计在10亿年之后，地球上的所有生命都将不复存在，这一时间要比地球离开主序早得多。在这10亿年间，地球会逐渐升温，但这种漫长而缓慢的升温与最近100年间人类因大量使用化石燃料而导致的二氧化碳增多、全球气候急剧变暖是不同的。短期的全球气候变暖不足以导致地球上所有生命的毁灭，但能给人类的生存造成困难，并导致大量动植物种类的灭绝。

现在我们又回到恒星的演变。随着恒星外层的扩张，它的核心持续收缩、加热。核心中的气体中包含了许多电子，而在和太阳质量相当的恒星中，这些电子无法无限地靠近彼此。对这一现象的解释就是泡利不相容原则——没有哪两个电子可以处于相同的粒子态。最终，由于泡利不相容原则限制了这些电子的压缩程度，所以电子之间的斥力便阻止了恒星的核心继续发生收缩。在这时，核心中的气体便处于"简并"状态。在处于简并状态的气体中，温度可以在不改变压力的情况下上升或下降（在质量足够大的恒星中，重力可以强迫电子与质子结合以形成中子，以此巧妙地躲开泡利原则的规定）。

随着核心壳层的气体燃烧，核心的温度升高，直到氦元素在所谓的"氦闪"中迅速发生聚变。氦闪将电子激发到其他状态，从而阻止了核心的进一步简并，恒星则开始发生收缩，温度跟着上升。当核心中的氦元素耗尽，核心周围壳层中的氦开始燃烧，于是恒星再一次发生膨胀，温度降低，又变成一颗红巨星。核心再次简并，红巨星的外层开始脱落，最后剩下一颗小恒星，叫作白矮星。白矮星达不到使碳和重元素发生聚变的高温，且它的氢和氦已将近耗尽，所以它会在不断发射电磁辐射的过程中慢慢冷却下来。

白矮星的质量不能超过太阳质量的1.4倍，因为在质量太大的恒星中重力太强，电子简并便无法阻止恒星进一步坍缩。如果一颗恒星质量太大，且它喷射出来的物质太少，无法使它核心的质量低于太阳质量的1.4倍，那么这颗恒星的坍缩便会引发巨大的爆炸,即"超新星"爆发。由此产生的巨大的热量会创造出重元素。不过,在恒星的核心中,高温会将一些重原子核分解成质子和中子。迫于压力,电子和质子紧紧压缩在一起,这时弱相互作用就可能导致电子和质子结合,形成中子加中微子。中微子从恒星中逃逸出去,而中子则可能形成稳定的简并态(中子同样遵循泡利原则)。

照这样发展下去的话,最后会形成一颗中子星。中子星的密度极大,其质量是太阳的 1.4 倍还多,但它的直径只有 10 千米。对于中子星而言,1 立方厘米的体积,其质量可达 10 亿吨。

如果恒星的质量比上述所说还要大,那么坍缩的结果往往就是形成超新星。如果超新星爆发遗留的质量介于太阳质量的 1.4 倍到 2 倍之间,那么结果便是形成一颗中子星。然而,如果遗留的质量大于 2 倍太阳质量,那么引力就太强了,以至于中子无法形成一个稳定的系统,而恒星就会继续坍缩,最后变成一个黑洞,就像第 10 章中所讲。在这里必须重申的是,引力是时空弯曲的结果,所以对于质量特别大的物体而言,即便是泡利原则也无法阻止它发生坍缩。该恒星的温度可能会变得极高,以至于创造出其他形式的物质,而许多中子则可能会被激发成别的形态。在黑洞的视界之内,物质最终何去何从,我们无从知晓。

18.3 星系

我们之前说过,银河系是一个有着超过 1000 亿颗恒星的星系。在晴朗的夜空,我们用肉眼就能欣赏到银河系的壮丽。天文学家使用望远镜对银河系进行研究后发现,银河系的形状近似一个盘子,中部凸起,且有自己的旋臂。在凸起的中央有一个密度极大的核心,天文学家认为这个核心是一个黑洞,质量为太阳的 100 万倍。这个黑洞不停地吞噬物体,质量随之增加。带电粒子掉入黑洞时会加速,并以 X 射线的形式释放电磁辐射。这些辐射在地球上能被监测到。这些来自宇宙中一块极小区域的 X 射线构成了黑洞存在的证据。

银河系中大多数恒星都在银盘之中，但也有少量的恒星是在银盘的上方或下方，在某种光晕之中。光晕中有许多的星团，人们称之为"球状星团"。在这些类似球形的区域中包含着成千上万颗恒星。

银河系的直径约为 10 万光年，太阳位于它的一条旋臂之中，距离银河系中心大约 3 万光年。图 18.1 向我们展示了艺术家笔下的银河。这幅简画以外部视角大体上勾勒出了银河系的形态。

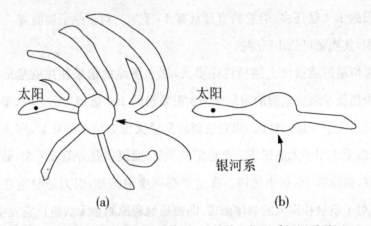

图 18.1　外部视角下的银河系简图。a 是从上往下看银河系平面。b
是从边缘之外往内看银盘

太阳和银河系中大多数恒星都围绕着中心旋转，我们能通过多普勒效应来测量旋转的速度。测量发现，银河系中除了我们能看到的发光物质之外还存在着"暗物质"。

暗物质存在的理由如下：根据牛顿的引力定律（这里不需要用到广义相对论），在围绕一个大质量物体旋转时，离大质量物体距离越远，旋转物的速度越慢。举个例子，地球绕太阳旋转的速度比金星要慢，而火星又要慢于地球。回到银河系。根据这一理论，我们自然而然地会认为对于离银河系中心非常遥远（大部分的发光物质都分布在那里）的恒星，它们的旋转速度会随着距离的增加而降低。然而，我们发现事实并非如此——距离银河系中心很遥远的恒星有着和距离较近的恒星几乎相同的旋转速度。这一事实表明，银河系中除了我们能看见的物质,还存在大量来路不明的质量,它们向外延伸到可见星系的大部分质量之外。在这些未观察到的质量中,绝大部分是暗物质。关于暗物质,我们在下一章中将更加深入地探讨。

第⑲章

宇　宙

当我眼中的天空还只是一个小小的蓝色穹顶,上面布满闪烁的星辰时,我觉得宇宙就这样平铺在我面前,触手可及。它的狭小让我感到窒息。但是,现在它变得更高、更宽,里面暗流涌动、异彩纷呈。从此,我的呼吸都充满了自由的味道,因为宇宙比之前的任何时候都要壮美。

——丰特奈尔(1657—1757)

19.1　宇宙的扩张

用一台强大的望远镜仰望天空时,除了恒星,我们还会发现许多发光的模糊区域。这些模糊区域中,有些是银河系中发光的气体云,另一些则是像银河系一样的星系,因为距离太远而无法辨识单个的恒星。天文学家估计,在我们能看到的宇宙中存在着几千亿个星系,有的像银河系一样螺旋上升,有的呈椭圆形,还有些星系的形状极不规范。椭圆形星系的形状有点像鸡蛋,不过有可能两头一样大,而且比鸡蛋要更圆一点。

在 20 世纪初期,尽管我们能从多普勒效应中看出银河系中的恒星处于移动的状态,但人们相信宇宙整体上是静止的。当爱因斯坦将他的广义相对论应用到整个宇宙上时,他沮丧地发现,广义相对论的方程可以允许一个正在扩张的或正在收缩的宇宙存在,却无论如何不允许一个静止的宇宙存在。为了让自己的理论与静止的宇宙兼容,他引入了一个术语,即"宇宙学常数"。这个常数能够抵消宇宙的扩张和收缩,使宇宙在理论上处于静止状态。

爱因斯坦推出他的宇宙学常数后没几年,美国天文学家埃德温·哈勃(1889－1953)发现,来自远方星系的光线也会发生红移。这一发现表明,远方的星系不仅是在移动,而且它们的移动并不是随机的——它们都在离我们越来越远。同时,它们移动的速度与它们和我们的距离大致成正比。对于这种现象的一个解释是,我们观察到的所有物质曾经都集中在宇宙中的某个点(或某个很小的区域),然后在某个时间突然发生了爆炸。如果真是这样,那么运动快的粒子当然离我们就越远。有个叫作弗雷德·霍伊尔的天文学家并不相信宇宙开始于一场爆炸,因此将这个理论戏称为"大爆炸",这个名字就这样一直流传了下来。听说宇宙正在扩张后,爱因斯坦说,引入宇宙学常数是他一生中所犯最大的错误。然而,宇宙学后来的发展证明,爱因斯坦在舍弃宇宙学常数这件事上是不成熟的。我们之后会在本章中对这些事件进行讨论。

我们得讨论几个与大爆炸有关的问题。首先,如果远处的星系都在离我们远去,这是否就意味着地球是宇宙的中心?答案是否定的——事实上,每一个星系都在离其他的星系越来越远。我们来举个例子,以便更好地理解这个现象。有一个布满斑点的气球,在吹这个气球的过程中,随着气球变大,球面上的各个斑点之间的距离也越来越远,你能说哪个点是气球膨胀的中心吗?宇宙的扩张也是如此,只不过这种扩张是三维的,而气球表面的扩张是二维的。由此我们可以得出,地球在宇宙中的位置并不特殊,就像它在银河系中的位置没有特殊性一样。

第二个问题是，我们怎么知道离我们越远的星系运动速度越快？速度可以从红移的程度上算出，但我们还需要一种测量距离的方式。距离我们十分遥远的星体，如远方星系、单个的恒星，甚至包括造父星都太过模糊，很难观察得到。所以，我们在测量距离时得考虑亮度极高的星体。这些星体就是超新星。

超新星分为好几种。我们之前谈到过的大质量恒星爆炸属于 II 型超新星。这种超新星不适合测量距离，因为它们的本征亮度各不相同。我们需要找到本征亮度相同的发光天体，这样才能通过它们的视亮度计算出它们之间的距离。另一种超新星——1a 型超新星——符合上述要求。在超新星最亮的时候，它的亮度可以达到星系中几十亿颗恒星亮度的总和。通常而言，1a 型超新星的亮度可以持续好几星期。

1a 型超新星是这么来的：假设有一个由一颗白矮星和一颗体型较大的恒星构成的双星系统。某些情况下，白矮星的引力足以将较大恒星的外层剥落，并将其吸引到自己的表面上来。在这一过程中，白矮星不断地合成物质，其质量越来越大。最后，白矮星的质量有可能超过 1.4 倍太阳质量这个稳定界限。这时，白矮星就会变得很不稳定，最后爆发，成为 1a 型超新星。由于这些超新星都形成于 1.4 倍太阳质量被超过的那一刻，所以它们的本征亮度基本相同（实际情况要更加复杂，但天文学家通过仔细研究它们的光谱，能够对这些复杂情况做出解释）。因此，通过将它们的视亮度与本征亮度进行对比，这些 1a 型超新星就能用作测距工具。它们的本征亮度可以计算出来，因为我们能通过与其他标准烛光，如造父星的对比算出较近的超新星的距离。

在这里需要强调一点的是，根据广义相对论，并不是星系正在向空无一物的空间扩张，而是宇宙（空间）本身在扩张。单个星系的直径不会增加，因为星系中的物质密度足够大，天体之间的引力克服了空间的膨胀。银河系正是如此，因为我们观察到银河系中的恒星不仅有蓝移，还有红移，而且红移并不占优势。既然银河系没有在扩张，那么很明显太阳系也没有。

在目力所能及的小尺度上，宇宙非常不平整，也就是说空间中物质分布不均匀。物质主要分布在恒星和行星中,而恒星和行星大多数是在星系里。同一个星系中,有些区域的恒星密度大,有些则密度小。例如,距离太阳最近的恒星大概有 4 光年远,但在有些星团中,恒星之间的平均距离要远小于 1 光年。在大尺度上,就算是星系的分布也是不平衡的,有些区域中有大型的星系团,而另一些区域则无任何星系的存在,人们称之为"巨洞"。

然而,在更大的尺度上,天文学家通过测量发现每片区域的星系数量大致相同。由于这个原因,我们说宇宙平均而言是"均匀"的。而且,我们无论从哪个角度观察,宇宙在大尺度上都看上去差不多。我们说宇宙具有"各向同性"(isotropic),即在各个方向都一样。若将宇宙的均匀性和各向同性考虑在内,那么计算宇宙的扩张便会简单许多。这些计算都是在广义相对论的框架中进行的。

爱因斯坦的广义相对论(无宇宙学常数)对于一个既有均匀性又有各向同性的、正在扩张的宇宙有三种不同的解释。在这三种解释里面,宇宙中物质之间的引力都会减慢宇宙扩张的速度。不过,这三种解释在其他地方很不相同。

第一种解释的前提是宇宙中有充足的物质可以抑制住宇宙的无限扩张,并使这一运动发生逆转,最终,宇宙会坍缩成一个温度极高、密度极大的区域,我们将这一过程叫作"大反冲"。在这种模式中,根据爱因斯坦的理论,宇宙的大小是有限的,且宇宙有个球面一般的曲度,只不过球面的曲度是二维的,而宇宙的曲度是三维的。

第二种解释的前提是宇宙中恰好存在着足够的物质,可以让宇宙继续无限地扩张,但如果物质再多一点,宇宙最终便会坍缩。在这种模式中,宇宙大小是无限的、平滑的,就像地平面一样平坦,只不过宇宙的平坦是三维的平坦。能使这种情况发生的物质总量被称为"临界量"。

第三种解释的前提是宇宙中的物质总量少于临界量。在这种情况下,宇宙扩张的速度比第二种解释要慢,但仍然会因为引力而不断减速。同样,在这种解释中宇宙的大小无限,但不是平滑的,而是呈马鞍状,只不过是三维的马鞍,且没有边界。

在这三种情况中,爱因斯坦的理论都适用于整个宇宙。我们的可见宇宙在广度上是有限的。那么,你肯定会问,我们的宇宙到底符合爱因斯坦方程三个解中的哪一个? 答案是,观察表明可见宇宙是大致平滑的,但它扩张的方式似乎又与人们所期望的平滑宇宙扩张的方式有所区别。我们将在后面的部分讨论一下出现这种反常扩张的原因,但在此之前,我们先谈谈关于宇宙的其他几个问题。

19.2 宇宙微波背景辐射

尽管对遥远星系红移的最简单解释是大爆炸理论,但最初并非所有的天文学家都接受这一理论。我们之前提到过,天文学家弗雷德·霍伊尔就对此持怀疑态度。他同意远方星系正在离我们越来越远的说法,但他不同意大爆炸,而是和其他几个天文学家假定,空间中到处都有新物质在不断地产生。新物质会逐渐结合成新的星系,取代离我们远去的星系。因此,宇宙中的物质不会越来越稀薄。相反,宇宙可以在一种稳定(但不静止)的状态中永远存在下去。

我们之前说过,微波电磁辐射的波长短于无线电波,但长于可见光,因此我们人眼是无法识别的。微波电磁辐射与微波炉中的辐射具有相似的波长。1965 年,阿诺·彭齐亚斯和罗伯特·威尔逊发现了宇宙微波背景辐射,终结了稳定状态理论,其中的缘由我们将在下一段中讲到。两位天文学家用一个大型天线(射电望远镜)来测量空中某个物体的射频电磁辐射时发现,无论他们怎么调整天线,在微波区域都存在辐射。由于这一辐射并不是他们当时的寻找目标,所以就将这种辐射称为"背景辐射"。之所以在"背景辐射"前加上"宇宙"一词,是这一辐射显然来自宇宙中的四面八方。这种辐射的平均频率对应的温度是 2.7K(比绝对零度高 2.7 度),且在探测器 0.1% 的精度范围内,这一温度在各个方向上都是一致的。

彭齐亚斯和威尔逊一直都不知道这个发现的重要性,直到他们联系了普林斯顿的詹·皮保斯。詹的团队当时正在试图对背景辐射进行测量,他们知道背景辐射可能是大爆炸早期的残留。不过,如果真的存在背景辐射,那么稳定状态理论便是错误的。1965 年,彭齐亚斯和威尔逊与普林斯顿团队分别就这一课题发表了论文。事实证明,20 年前乔治·伽莫夫、拉尔夫·阿尔菲和罗伯特·赫尔曼所预言的来自外太空的背景辐射正是大爆炸的遗留。在下一节中,我们将更加详细地讨论宇宙大爆炸。

当一群光子处于某一温度时,这些光子有着不同的能量,与这个温度下的黑体频谱相对应。彭齐亚斯和威尔逊无法观测到整个频谱,因为大气层的吸收和辐射使得部分频谱变得模糊不清。1989 年,一颗名叫"宇宙背景探测器"(COBE)的探测器发射升空,其任务就是要对宇宙背景辐射进行精确测量。在接下来的几年内,宇宙背景探测器对几乎整个频谱进行了测量,获得的温度数据为 2.725±0.002K。此外,它还发现在天空的不同区域,温度会有微小的波动。

19.3　大爆炸

人类目前对大爆炸的认识如下:在将近 140 亿年以前,我们现在的可见宇宙都集中在一个小小的高温区域,然后这个区域爆炸了。爆炸发生后,气体中充满了基本粒子,这些粒子有可能是我们现在所知的夸克、胶子、光子和轻子(以及它们的反粒子)加上其他我们可能尚未发现的粒子(和反粒子)。或者说,我们现在所知的这些粒子可能也不是基本粒子,而是由大爆炸时期的原始粒子所组成。在早期,宇宙是被辐射统治的。统治的意思是,光子(也有可能是胶子)所携带的能量要远大于物质中的能量。宇宙在大爆炸的瞬间是什么样的状态,我们无从知晓,也有可能永远都不会知道。而大爆炸之前(如果大爆炸之前存在时间的话)宇宙的面貌同样也被一层神秘的面纱遮盖。

全部的宇宙可能会比可见宇宙大得多。有些理论认为整个宇宙是无限大的,且从大爆炸的那一刻开始就已经是无边无际的了,尽管我们今天的可见宇宙最初是非常小的。当然,我们无法通过经验判断可见宇宙之外是什么,但如果某条理论与我们的观察相符合,那么我们可以相信,这条理论能对观察范围之外的世界形态提供些许线索。宇宙学家们有着充沛的想象力,能对我们观察不到的世界进行天马行空的构想。

在极微小的尺度上,我们能创造出理论来解释那些我们观察不到的粒子。例如,我们从未观察到自由夸克的存在,但今天的大多数物理学家都对此深信不疑。不过,微观和宏观还是有区别的:对于束缚在强子之中的夸克,其存在是有间接证据的,这些证据来自于强子在电子的作用下发生的散射,但对于可见宇宙之外的世界,我们甚至连间接证据都没有。

当宇宙(或宇宙的一部分)在扩张的时候,它同时在冷却下来。随着宇宙的冷却,夸克会相互结合成强子(大部分是最轻的强子:质子和中子)。目前,在我们的可见宇宙中,重子(物质)的数量似乎要比反重子(反物质)的数量多得多。在银河系中,如果存在数量可观的反重子,那么它们与重子之间的湮灭会产生极大的能量,但我们并没有观察到这种能量的产生。于是我们认为银河系中只有重子,没有反重子。通过观测其他星系的物质密度,我们认为任何的星系要么含有物质,要么含有反物质,但不可能同时兼有二者(不过,在由物质构成的星系中可能存在微量的反物质,反之亦然)。我们观察到,在宇宙的其他部分,星系之间发生了相互碰撞。若两个相互碰撞的星系中,一个由物质构成,而另一个由反物质构成,我们就会观察到湮灭能量,但实际上我们并没有观察到。尽管并不能排除某些遥远的独立星系由反物质构成的可能性,但最简便的方法是假设我们的可见宇宙基本上不包含反物质。

最简单的设想是,在大爆炸后不久,宇宙(或经历了大爆炸的那部分宇宙)中的粒子和反粒子数量相等。如果大爆炸原本就是能量物化成粒子和反粒子的过程,那么粒子和反粒子的数量就几乎是相同的,除非高能量密度环境中的物理学与我们今天宇宙中的物理学有着巨大差异。所以,最简单的设想便是在大爆炸发生后不久,宇宙中含有相同数量的粒子和反粒子。

于是,如果现在的宇宙主要是物质构成(而不是包含相同数量的物质和反物质),那么我们似乎可以猜测,早期的宇宙中发生了某种相互作用,使得重子数没有守恒,并导致了反重子(或反夸克)比重子(或夸克)湮灭或衰变得多。我们之前说过,重子数守恒定律规定,重子的数量减去反重子的数量随着时间的变化而保持不变(即便重子数守恒定律有效,一个重子和一个反重子能同时产生或湮灭,但守恒定律会限制产生过多的重子)。

在夸克结合成重子后,继续的扩张和冷却导致宇宙中大多数的普通物质都由质子、电子和中子构成。经过了充足的冷却后(大爆炸 3 分钟后),其中一些中子与质子相结合,形成氦原子核,氦原子核的质量占早期宇宙中重子物质质量的 25%。同时还产生了其他的轻元素,但它们所占比重少于重子物质的1%。没有与质子相结合的中子衰变成质子、电子以及反中微子。质子和中子结合成原子核的过程被称为“核合成”。

大爆炸 30 多万年后,高温使得电子和中子被离子化,变成了等离子体(等离子体是一种离子化的气体)。发生这种变化的原因是,高温使得带正电的原子核无法捕捉到带负电的电子。在这段时间内,光子不停地被不同电荷的两种带电粒子驱散,所以无法在宇宙中自由地穿行。大爆炸大约 38 万年后,宇宙的冷却使得原子核和电子能够结合成中性原子,而光子则能自由地穿行于宇宙之中。这段时间被称为最后散射时间,此时宇宙的温度约为 3000K。

随着宇宙的继续扩张和冷却,质子也在发生红移(冷却),直到达到今天2.7K 的低温。这就是今天我们观察到的宇宙微波背景辐射的温度。

今天宇宙中的可见物质都集中在星系和星系团中。宇宙中远离星系的区域几乎没有可见物质,我们把这样的区域称为“巨洞”,尽管它们并不完全是空的。在很久之前,宇宙很可能比现在要更加平滑,但早期宇宙中物质密度的微小差异在引力的作用下被放大,所以随着时间的流逝,越来越多的簇聚(clum-ping)就产生了。

据估计,大爆炸后不到 10 亿年,第一批恒星和星系就在宇宙尘的浓缩中形成。第一批恒星主要含有氢、氦和其他在早期核合成中形成的微量轻元素。据我们所知,所有形成于早期恒星周围的行星都不适合生命的生存,因为缺少足够的碳、氧和像铁一样的金属。

在恒星中,氢燃烧后形成氦,这一过程可持续几百万年,甚至几十亿年。最终,恒星里的氢元素燃尽,恒星的核心开始坍缩,因为氢气燃烧产生的外向压力无法再和内向的引力分庭抗礼。在坍缩的时候,粒子运动速度越来越快,或者说恒星的温度越来越高。当核心温度上升到一定高度时,氦便开始燃烧,于是产生了重元素,如碳和氧。

在极大型恒星中甚至可以形成铁元素。在所有的元素中,铁元素的结合能是最大的。比铁更轻的元素能聚变,释放能量,而比铁更重的元素则会丢失自己的一些质子和中子,甚至发生裂变,因此也会释放能量。如果某个恒星的质量足够大,那么它的核心中肯定含有大量的铁。由于铁无法通过核反应释放能量,所以恒星发生坍缩,温度升高。在吸收热量后,部分铁会被高温分解,于是加速了坍缩的发生。如果坍缩的速度非常快,就会产生反弹冲击波,恒星就会在超新星爆发中爆炸。

有些早期恒星比太阳质量要大得多,而它们就是通过超新星爆发结束了自己的存在。人类很幸运,因为超新星大爆发产生了这么多的重元素。这些重元素被喷涌到太空中,与恒星间的尘埃云相混合。然后,这些尘埃云浓缩成新的恒星。在这些恒星和周围的行星中含有维持生命所需的元素。

据估计,我们的银河系至少存在了110亿年。银河系中的许多尘埃都含有足够的重元素,可在适当条件下维持生命的存在。当然,对于我们的太阳和地球而言更是如此。

19.4 膨胀

宇宙微波背景辐射理论带来了一个问题。我们首先对这个问题进行描述,然后再讨论它的一种解决方式。这个问题就是,无论从哪个方向观察天空,我们所观测到的微波背景辐射都相同,约为十万分之一。这一表述有两个例外。第一,在银河系平面内,来自银河系的辐射淹没了宇宙微波背景。第二,地球相对宇宙的本地静止系而言是运动的。这就意味着在地球运动的方向上,微波背景的温度显得稍高,而在地球运动的反方向上,微波背景的温度稍低。这种微波背景温度的差异仅有 0.1%,这与地球相对本地静止系约 600 千米每秒(大约 400 英里每秒)的平均运动速度相符(在本地静止系中宇宙微波背景具有各向同性)。人们相信,地球在银河系中的移动速度相对银河系自身的移动速度而言很慢,所以可以推断出我们整个星系是以大约 600 千米每秒钟的速度在宇宙中穿行。

我们之前说过,宇宙大概存在了 140 亿年,而宇宙背景辐射开始的时间稍晚于大爆炸(38 万年相对于 140 亿年是很短的时间)。所以,宇宙背景辐射开始于约 140 亿年以前,从那时起,这种辐射已经在宇宙中穿行了约 140 亿光年的距离。现在,我们来看一下到达地球的来自可见宇宙相反两端的背景辐射。最后到达我们地球时,这些辐射可能漫游了可见宇宙一半的距离,但不可能横跨整个可见宇宙,因为没有任何信号能够在宇宙中以高于光速的速度传递。这就意味着,宇宙两端至今还没有产生因果联系。通过对大爆炸的传统模型中宇宙扩张方式进行分析后我们发现,从粒子进入准平衡状态起,宇宙的相反两端就从未有过因果联系。那么问题就来了:要是宇宙两端无法进行相互影响,那么来自宇宙两端的宇宙背景辐射的温度怎会如此碰巧地相同?

为了解决这个问题,天文学家们提出了一种假想,叫作"暴涨"。暴涨假想认为,在大爆炸后不到一秒钟的时间里,宇宙(或至少是宇宙的一部分)的扩张便不再减速,而是开始加速。这一加速使得宇宙在极短时间内扩大了数倍,并使得宇宙以超光速的速度进行扩张(广义相对论认为没有信号能在宇宙中超光速传递,但并没有禁止宇宙自身的扩张速度超过光速)。

暴涨理论仅仅是一种假想,而不是一个具体的模型,因为就算暴涨理论是正确的,也没有谁知道是什么导致了暴涨,而又是什么使得暴涨戛然而止。人们猜测,某种能量标量场是导致暴涨的原因,但谁也没能为这种场建造一个合理的模型。

由于暴涨导致极速扩张,比可见宇宙还要大得多的空间在刚开始的时候就建立了因果联系,因此粒子之间的相互作用才能让整个空间达到准平衡态。这样,来自各个方向的宇宙微波背景才能有相同的温度。暴涨的另一个结果就是,宇宙在暴涨期被扯得很平,以至于到现在还是平的。通过理论和观测,我们能大致证明宇宙的这种平滑性。

通过暴涨假想,我们还能做出其他的预测。尽管在暴涨时期,宇宙几乎是均匀的,且具有各向同性,但在能量上仍存在微小的量子涨落。宇宙背景探测器(COBE),以及后来更加精密的空间探测器——威尔金森微波各向异性探测器——已经探测到了这种涨落。这些能量上的微小涨落被引力放大,所以现在的宇宙才会像我们观察到的那样起伏不平。

19.5 宇宙是由什么组成的

之前我们说过,根据广义相对论,宇宙的三维形状存在三种不同的可能性:球形、平滑形和马鞍形。观察表明宇宙是平滑的。

但如果宇宙是平的,就会出现一个问题:可观测宇宙中普通物质(又称重子物质)的数量不足以使得宇宙变得平滑。实际上,恒星和星系中我们能看见的物质的总量不到平滑宇宙要求的百分之一。要真是如此的话,宇宙就应该是开放型,呈马鞍状,且永远处于扩张状态。

不过,除恒星之外的物体中也有重子物质,比如说尘埃和凝缩体,它们由于太小而不能发光,那么它们的数量有多少? 天文物理学家通过观察核合成来对这种不发光重子物质的数量进行估算。宇宙中氦元素和氢元素的数量比取决于早期宇宙中重子物质的数量。天文学家在计算中输入观察到的氦的数量,结果表明宇宙中重子物质的数量仅为平滑宇宙所需的约 5%。天文物理学家们断言,宇宙中不发光重子物质的数量是发光物质的好几倍。

但是,宇宙中肯定还有其他的暗物质(不发光物质),否则恒星在星系中的运动以及星系团的运动从何而来? 从银河系中恒星的运动速度以及星系团中星系的运动速度来看,其他的暗物质应占到平滑宇宙所需数量的 25％。这种暗物质不可能是重子物质,否则宇宙中氦的数量就会与现实有出入。

那么,这 25％的暗物质到底是什么呢? 科学家们众说纷纭,但没有人真正了解。要是这些多出来的暗物质不存在的话,那我们对引力的了解就肯定出现了问题。大多数天文物理学家不愿意去质疑引力理论,因为这太过于激进,且目前为止还不存在强有力的证据证明引力理论是错误的。

现在我们有了 5％的重子物质和 25％的不发光非重子物质,我们还需要 30％的物质来使宇宙变得平滑。20 世纪 90 年代,科学家在观察 1a 型超新星的时候发现了一种似乎合理的解释。

之前我们说过,1a 型超新星是标准烛光,我们通过观察它们的亮度便能计算出它们的距离。人们发现,距离我们相对较近的超新星的红移与它们的距离大致成正比,就像埃德温·哈勃最初发现的那样(这一特性被称为哈勃定律)。但是,在研究极远超新星时我们发现,它的实际亮度低于红移所暗示的亮度。这一现象是在对距地球极其遥远的 1a 型超新星进行系统研究时发现的。如果红移和距离都测量无误,那么对这一现象最合理的解释就是,很久之前,这颗超新星所在星系的运动速度要慢一些。我们先假设这一解释是正确的。

推论如下:如果宇宙扩张的速度保持不变,且 A 星系的运动速度是 B 星系的两倍,那么根据哈勃定律,A 星系在某段时间内运动的距离就是 B 星系的两倍。但是在观察时,距离越远,事件发生的时间越早。如果从过去到现在宇宙的扩张处于加速状态,且 A 星系到地球的距离目前是 B 星系的两倍,那么 A 星系现在的运动速度就不到 B 星系运动速度的两倍。此时,假设 C 星系的运动速度是 B 星系的两倍,那么 C 肯定比 B 还要遥远。由于距离比 B 更远,所以 C 星系中的超新星比 B 星系中的超新星更加暗淡(译者注:如果宇宙扩张的速度一直保持不变的话,C 现在就应该处于 B 的位置)。

　　这一说法与事实有不符之处：普通物质和暗物质都会在引力的作用下相互吸引，所以随着时间的流逝，物质的吸引力会使变成超新星的恒星速度减慢，而不是加快。

　　这一问题的解决方法可能来自爱因斯坦的宇宙学常数。我们之前说过，爱因斯坦将这一常数应用到广义相对论方程组中，以便让宇宙看上去是静止的，因为当时爱因斯坦确实认为宇宙是不动的。不过，仅当宇宙学常数取某个特定值时，宇宙才是静止的。当它取其他值时，宇宙的扩张就会减速，且减速的幅度不定，甚至还可能加速。这完全取决于宇宙学常数的正负和大小。

　　宇宙学常数可以被看作虚空中的一种能量，通常被称为真空能。如果真空能的符号为正，那么它起的作用就像是斥力，以越来越快的速度将宇宙推散。因为宇宙的扩张看上去像是在加速，所以真空能的作用肯定大于宇宙中物质的引力作用，因为引力作用会减缓宇宙的扩张。如果真空能占到宇宙能量的70％，那么加上物质（包括重子物质和非重子物质）所占的30％的能量，宇宙就不仅处于加速扩张状态，而且其总能量能达到实现平滑宇宙所需的能量总量。所以，尽管宇宙看上去是平的，它扩张的方式与没有宇宙学常数的平滑宇宙的扩张方式看上去非常不同。如果宇宙继续以目前的速度扩张，最终它扩张的速度就会快到让我们连远方的星系都观察不到（不过话说回来，那时候地球上估计也没有人类了）。

　　在很久以前，当宇宙在扩张的时候，宇宙的物质密度变得越来越小，引力的作用也就越来越微弱。同时，如果真空能的密度一直保持不变，那么它的大小总有一天会超过引力，这时宇宙的扩张便开始加速。从超新星爆发的数据来看，这个时间节点可能是在大约90亿年之前。在这个时间之前，宇宙扩张的速度一直减慢，除了大爆炸刚发生后极短的那一段时间。那时，宇宙发生了极快的膨胀。

　　如果真空能在空间和时间上保持恒定，那么爱因斯坦的宇宙学常数就能对其做出解释。然而，尽管广义相对论允许宇宙学常数的存在，但这一理论并没有解释宇宙学常数的大小和正负。不过，还有一种不同于宇宙学常数的可能性。真空能也许会随着时间的流逝而发生改变。处于变化之中的真空能也许来源于一个未知的标量场，而且它肯定比宇宙学常数的适用范围更加广泛。真空能通常被称为"暗能量"，不过有时也叫作"精质"。

目前，人们对暗能量大小的计算毫无进展，因为量子场理论的预测结果要远大于人们所观测到的值。所以，我们目前所处的状态是很尴尬的：正常的重子物质仅占宇宙能量的 5%，而未知的能量——来源于暗物质和暗能量——则占了宇宙能量的 95%。不过，现在比哈勃在 20 世纪 20 年代首次发现宇宙在扩张那会儿还是要强一些。那个时候，我们甚至不知道宇宙中竟然还存在着非重子物质和暗能量。但是，在此需要提醒一下，要是我们的理论前提中有任何一条是错误的，例如，假设引力理论是不正确的，那么我们对暗物质和暗能量的看法也许就要发生翻天覆地的变化。

第20章

假 想

> 荷瑞修，天地之间有许多事情是你的睿智无法想象得
> 到的。
>
> ——《哈姆雷特》，威廉·莎士比亚(1564—1616)

广义相对论和基本粒子标准模型在对自然的解释上都不失为非常成功的理论。然而，正如我之前说过，这两种理论似乎并不兼容。问题就在于标准模型是一种量子理论，而广义相对论不是。因此，建立一个能让两者相互支持的理论框架好像并不可能。我们对自然的理解似乎缺了一块。对于目前我们仍无法理解的自然现象，科学家们有着各种各样的猜想，这些猜想对广义相对论或标准模型进行了改进，使其在实验能够证明的领域将广义相对论和标准模型联系在一起。在本章中，我们仅仅讨论两个理论：超对称理论和弦理论。

20.1 超对称理论

狄拉克在 1928 年提出了电子理论后，他意识到自己的理论要求存在一种

电子的反粒子(一种带相反电荷的粒子)。那时,对于提出一种人类尚未观察到的新粒子的存在,狄拉克是拒绝的。因此,他刚开始时提出,电子的这种反粒子可能是质子。然而,根据自己的理论,狄拉克马上意识到电子的反粒子需要拥有和电子相同的质量,而质子的质量几乎是电子的 2000 倍,所以狄拉克不得不放弃了这一主张。1932 年,反电子(又叫作正电子)在实验中被发现。狄拉克的预言得到了证实。

在提出某些弱相互作用会释放出一种看不见的粒子,即中微子时,泡利也感到十分不自在。泡利当时认为,因为中微子相互作用太过于微弱,所以中微子永远都不会被发现。泡利去世后,科学家用来自核反应堆的密集反中微子束轰击一个强大的探测器,因此观察到了(反)中微子。几乎所有的反中微子都毫无反应地穿过探测器,但最后还是有一个反中微子与探测器发生了作用——被探测器吸收,产生了一个正电子。

自狄拉克和泡利的时代以来,科学界已发生了日新月异的变化。20 世纪晚期,物理学家已经能够胸有成竹地告诉我们,世界上有许多看不见的粒子实际上是存在的。也就是说,这些粒子可以在相互作用中被创造出来。所有——或几乎所有——的新粒子都有着极短的寿命,因此很难察觉。促使人们提出一种又一种新粒子的正是超对称理论。想想什么叫作对称。当对称成立时,对一个物理系统进行某种特定的转换,该物理系统保持不变。例如,如果我们将一个系统旋转某个角度(沿着某条轴,如赤道),而这个系统的相互作用保持不变,我们就说这种相互作用具有旋转对称性。

超对称理论中的对称指的是玻色子(拥有整数自旋)和费米子(拥有半整数自旋)之间的对称。如果超对称是一种完全的对称,那么理论上一个电子(自旋为 1/2 的费米子)就能转化成另一种粒子,即自旋为 0 的玻色子。如果该理论与自然实际相符,那么电子就一定有一个自旋为 0 的超对称伙伴,且这个伙伴——"超电子"——应该与电子具有同等的质量。这一结论不仅适用于电子,而且还必须适用于所有能观测到的粒子,包括夸克、轻子和规范玻色子,如光子、胶子和弱玻色子。规范玻色子的超对称粒子应为费米子。如果超对称被应用于广义相对论，那么产生的新理论就应该叫作超引力理论。

然而，直到本书完成为止，还没有任何的超对称粒子被发现。如果超对称理论准确无误，那么这些超对称粒子跑哪儿去了？为什么它们至今仍没有在相互作用中被制造出来？

那些提倡超对称理论的人认为，之所以超对称粒子至今仍未发现，在于超对称是一种破缺对称，因而超对称粒子的质量比普通粒子要大得多。我们之前讨论过隐对称，也叫作自发破缺对称，而大多数超对称理论的支持者都声称超对称为自发破缺对称。因此他们宣称，超对称粒子的质量太大，所以目前的加速器没有足够的能量将超对称粒子制造出来。他们说，一旦大型强子对撞机(LHC)投入使用，情况就会立即发生改变。之前我们说过，大型强子对撞机目前正在瑞士的日内瓦附近加紧建造。它能在方向相反的两个环形隧道中将质子加速至 7 TeV(兆瓦)，而质子对撞时的总能量可达到 14 兆瓦。如果事情进展顺利的话，物理学家们将在 2008 年开始使用大型强子对撞机进行实验。也许在未来的某一天，科学家们真的会发现超对称粒子。

标准模型与超对称理论不兼容，因此如果标准模型是正确的，那么我们所观察到的粒子就不存在超对称伙伴。自从物理学家利用标准模型进行计算以来，大多数的预测都与实验相符，除了中微子。在标准模型中，中微子是没有质量的，而实验结果却表明中微子有着十分微小的质量。

既然标准模型的预测如此准确，那么为什么还会有物理学家认为超对称理论符合自然规律呢？原因是多方面的。首先，在一些物理学家看来，超对称理论十分美妙，而自然需要这种美妙。有许多最伟大的物理学家都认为，美妙是一条真正的理论所不可或缺的特质，狄拉克就是其中之一。但狄拉克指的并不是超对称理论，也许并不是因为他没想到这条理论，而是因为他觉得超对称并不是那么妙不可言。理论物理学中的美和其他形式的美一样，都是情人眼里出西施。

物理学家们如此钟爱超对称理论还有一个更加复杂的原因,我尽量解释一下。我们所知道的每一种相互作用,包括强相互作用、电磁相互作用和弱相互作用都由一个描述该相互作用强度的数字所支配。这些数字被称为"耦合常数",不过这个称谓并不合适。物理学家发现,某种相互作用的有效强度取决于该相互作用发生时的能量。出于这一点,物理学家有时会将耦合常数叫作"巡航耦合常数"(running coupling constant),因为它们的值会随着能量的变化而发生改变。能量较低时,强相互作用、电磁相互作用和弱相互作用的耦合常数之间差别较大。然而,随着能量的增加,这几种相互作用的强度会朝着不同方向发展。如果我们在理论上将这些能量假定为极高的数值(远高于实验的极限),那么这三种不同相互作用的耦合强度便会有殊途同归的趋势。当能量上升到某个极高的强度时,三种相互作用的强度如果最终达成了严格的统一,那么所谓的"大统一理论"便产生了,在这个理论中只有一个独立的耦合强度(或者说耦合常数)。大统一理论这个名称带有夸张成分,因为它并没有将引力包含在内。

说了这么多,其实关键就是耦合常数随能量变化的方式理论上取决于该理论覆盖了哪些粒子。如果该理论包含了静止能量达到约几百 GeV 的超对称粒子,那么经推断,三种耦合在能量达到约 1016 GeV 时会达到统一。因此,超对称理论让强相互作用、电磁相互作用和弱相互作用三者之间大统一理论的存在变得不那么虚无缥缈。当然,目前为止,就像超对称理论一样,大统一理论还停留在设想阶段。

不过,超对称理论和大统一理论不一定就是唇齿相依的关系。有些超对称理论的模型并没有将大统一考虑在内,也有些大统一的模型将超对称排除在外。两种理论究竟符不符合自然规律还有待证明。

20. 2　超弦理论

弦理论的基本主张是,标准模型中的基本粒子事实上一点都不"基本"。在它看来,这些粒子实际上是"弦"的不同振动方式,只是这些弦非常短,因此人类无法观察得到。这些弦被称为"超弦",之所以用"超"这个字是它的振动既包括玻色振动,又包括费米振动,因此能将标准模型中的玻色子和费米子全都收入囊中。

超弦理论有两个特征吸引了广泛的注意力。第一个特征与引力有关。许多理论物理学家试图将广义相对论转变成一种量子场理论,但都没有成功。我们来看一看失败的原因。广义相对论关心的是空间和时间的特性。将时空量子化后,在非常小的尺度上,时空的交织会经历似乎不可控的量子波动,而这一波动在点粒子的位置上变得无限大。在其他的量子场理论中用于消除这种影响的方法却无法适用于量子化的广义相对论。然而,要是粒子,包括引力子(量子化的引力场)在内都是弦的振动的话,那么它们的体积就一定大于 0,因此就不会出现波动变得无限大的情况。超弦理论似乎能将量子化的引力理论容纳于其中,这对于超弦理论的支持者而言是一场巨大的胜利。除了振动的引力子,超弦理论还将引力子的超对称伙伴,即引力微子包括在内。

超弦理论另一个不得不说的特征是,它的某些版本似乎仅在十维时空里说得通。当然,我们仅能感知到时空的四维——空间的三维和时间的一维。那么其他几个维度是什么?最普遍的解释是,其他的六个空间维度并不是平滑的,而是蜷缩在非常微小的区域内,所以我们根本发现不了。不过,我们将来能否观察到这六个维度(如果它们存在的话)还不一定呢。

对于我们为何看不见其他的维度,还有另一种广为人知的解释。在超弦理论面世后,人们意识到除了弦这种结构,其他类型的结构也是有可能的。弦只有一个维度,即长度(当然,我们生活中的弦,如绑包裹的皮筋还有厚度,但超弦理论中的弦是没有厚度的)。同时,也有可能存在不仅有一个维度的结构,比如说像鼓面一样的二维结构(忽略鼓面的厚度)。这种结构被称为"薄膜",或者简称为"膜"。理论上,可能还会存在不止两个维度的膜,尤其是在十维空间里面。我们无法观察到其他的维度,也许是因为我们被局限在现实世界的九个空间维度中的三维薄膜中。在这种情况下,自然界中所有的力——引力除外——都被禁锢在三维薄膜内,只有引力能够在高维空间中穿行。有些理论则认为,大型空间的维度介于三维和九维之间。

由于物理学家们对弦理论的看法各不相同,所以有人提出,不同版本的弦理论只不过是一种更基本的理论,即所谓"M 理论"在不同条件下的不同表现形式。M 理论的时空不是十维,而是十一维。M 理论的特别之处在于,尽管它理论上有可能是成立的,但没人能够写出它的公式。因为这个原因,我认为 M 理论根本算不上一个理论。它只是一个目前还没有任何证据支持的想法或猜想。

如果十一维空间中真的存在一个终极理论的话,那么我们就有许多种方法将这个理论还原到我们所在的宇宙中。而且,对于那些性质与我们的宇宙完全不同的各种宇宙而言,这个理论应该也能适用。既然其他宇宙也能适用,那该如何确定该理论的预测所指是我们的宇宙而不是其他的宇宙? 对于这个问题,有些物理学家给出了一个答案。他们认为,除我们自己的宇宙之外,几乎其他所有的宇宙都具有让生命无法存在的特性。只有我们的宇宙,或者非常类似的宇宙能够支持生命的存在,这就是为什么我们的宇宙必须是这样子的原因。这一观点被称为"人择原理",它的出现比弦理论可要早得多。有些物理学家觉得人择原理对我们理解宇宙很有帮助,而另一些则认为它根本算不上科学理论。如果说是人择原理确保了宇宙必须朝着这个方向发展,那么依此又能做出什么有用的预测呢?

尽管弦理论(包括膜理论)目前还没有做出能被实验证明的预测,但如果现在就将其列为伪科学的话还为时尚早。所以说,弦理论还是有可能被证实的,而且它有可能比广义相对论、标准模型更加接近自然的真理。

本书中,我向大家展示了目前人类所理解的宇宙,而且不管是已知还是未知,我都尽力讲述清楚。我们需要保持清醒的是,就标准模型中的基本粒子而言,人类目前对宇宙的认识似乎还不到百分之五。其他的百分之九十五看上去被暗物质和暗能量占据着,而对于这两种东西我们现在知之甚少。

不过，在广义相对论和标准模型的指导下，我们对物质和能量的描述似乎还是能站得住脚的。我们已经了解了是什么力量让基本粒子合成原子、分子以及更大的结构。我们还大概见识了自大爆炸开始，宇宙是如何演化成今天错综复杂的恒星、星系以及星系团。我们还了解到，宇宙正处于扩张当中。

我们对基本粒子和宇宙的大多数了解都起源于 20 世纪。那个年代，人类在微观领域和宏观领域都取得了丰硕的物理学成果。21 世纪的物理学会有什么新的突破，让我们拭目以待。